我能为动物做的 100件事

[德] 菲利普·基弗 / 著　　宋逸伦 / 译

浙江科学技术出版社

目录 Mulu

1 发现动物的世界 8
2 马戏团？只是活学活用动物学知识而已 10
3 蛋！蛋！蛋！ 12
4 狗狗的美味饼干 14
5 别让小鸟们掉下来 16
6 小鱼不会马上变大鱼 18
7 羊毛是从哪里来的？ 20
8 如果你看到一头小鹿在草地上躺着…… 22
9 蜘蛛是益虫！ 24
10 团结力量大 26
11 要饲料，不要甜食 28
12 自己动手做食物给小鸟吃 30
13 肉是来自工厂的吗？ 34
14 为什么世界上有猎人？ 36
15 理解你家的小猫咪 38
16 花园里的蟾蜍 42
17 偶尔吃一天素 44

我能为动物做的
100件事

18 蔬菜的营养对孩子够了吗？ 46
19 给小豚鼠们搭一个小天地 48
20 想要在生日时收到一份订阅的杂志吗？ 50
21 为动物光顾儿童跳蚤市场 52
22 帮助松鼠过冬 54
23 冬休和冬眠，它们的区别是什么？ 58
24 吃素的日子里的一道美味佳肴——酸菜沙拉 60
25 保护动物的生存空间 62
26 少吃加工食品 64
27 豚鼠之家 66
28 动物实验的目的是什么？ 68
29 你可以自己做唇膏 70
30 保护森林里的动物！ 72
31 给刺猬建个窝 74
32 训练你的狗狗学一门绝活 76
33 动物也有权利 78
34 在自己的花园里建造一个池塘 80

35 在阳台上建一个迷你池塘 82
36 陪父母一起去买东西 84
37 写一封读者来信 86
38 妥善处理流浪狗 88
39 自然形成的发型最棒 90
40 试试做一个蔬菜汉堡 92
41 课堂上的动物保护 94
42 海豚更喜欢自由自在的生活 96
43 给小鸟烤饼干 98
44 当一只猫咪向你跑来时 100
45 养老鼠当宠物 102
46 教鹦鹉说笑话 104
47 小心狂犬病! 106
48 种一片野花 108
49 打理狗狗的皮毛 110
50 如果有蝙蝠迷路进了你家 112
51 不受欢迎的下一代! 114

我能为动物做的100件事

52 宠物不是小朋友 116
53 公路上的动物们 120
54 为什么要马上杀死它们？ 122
55 建一个完美的鸟巢 124
56 在家里养些有异国风情的宠物怎么样？ 126
57 马的行为 128
58 花园里刺猬的避风港 132
59 在旅途中保护动物 134
60 努力克服蜘蛛恐惧症 136
61 帮大黄蜂筑巢 138
62 自制香波 140
63 私人定制的遛狗服务 142
64 为小鸟准备新鲜的水果 144
65 把遗弃动物管理所里的动物带回家，而不是去买一只"新的"宠物 146
66 啮齿类动物露天饲养场 148
67 自制美味马粮 150

68 陷入危机的蝌蚪们 152

69 想要一只小动物当圣诞礼物？ 154

70 耳朵虫（蠼螋）是益虫 156

71 野生小鸟的游泳池 158

72 救救蚯蚓！ 160

73 在教学楼里保护动物 162

74 逗猫棒有什么用？ 164

75 车里的宠物 166

76 自己制作潜望镜 168

77 观察昆虫很有趣 170

78 正确饲养你的兔子 172

79 当你看到一只雏鸟时 176

80 让你的脸部皮肤时刻保持最佳状态 178

81 还动物们一个更干净的空间 180

82 为什么白鹳那么稀少？ 182

83 说服你的父母加入到保护动物的队伍中来 184

84 经常去遗弃动物管理所看看 186

我能为动物做的
100件事

85 学习狗狗的语言 188
86 你的宠物能活多久？ 192
87 宠物的生老病死 194
88 让蜜蜂们再次忙碌起来 196
89 你想学骑马吗？ 198
90 建一个漂亮的鸟窝 200
91 不要虐待小动物！ 202
92 拒绝皮革 206
93 用天然疗法治疗青春痘和脚气 208
94 "种"一个新家 210
95 喂鸟没问题，但是方法要正确！ 212
96 听话的乖狗狗 214
97 照顾受伤的野生动物 216
98 养乌龟当宠物？ 218
99 谁会喜欢孤独啊 220
100 为动物们日行一善 222

1 发现动物的世界

你可以一下子说出多少种动物的名字呢？

你可以试试看，或许你能说出 10 种，甚至 50 种动物的名字。那你又知不知道现在总共有 400 万种、100 亿亿（1000000000000000000）只动物生活在地球上呢？其中绝大部分是昆虫和各种微生物，另外还有哺乳动物、爬行动物、两栖动物、鱼类和鸟类。

把探索奇妙的动物世界当成一场有趣的游戏：

去图书馆借一些介绍动物的书，看几部关于动物的电影，也可以找一些熟悉动物的大人给你讲几个跟动物有关的小故事。

我能为动物做的 100 件事

你可以一下子说出多少种动物的名字呢？现在也许只有 10 到 50 种，但明年可能就能说出 500 甚至 1000 种。你对动物们越熟悉，也就越能更好地帮助它们。

值得推荐的动物电影：

《香肠的人生》（1953 年）

《草原奇迹》（1954 年）

《无处藏身》（1956 年）

《不灭的塞伦盖蒂草原》（1959 年）

《海鸥乔纳森》（1973 年）

《草原人民》（1996 年）

《天空中的游牧民族——候鸟密码》（2001 年）

《企鹅的旅行》（2005 年）

《我们的地球》（2007 年）

《俄罗斯——棕熊、老虎和火山之国》（2011 年）

2 马戏团？只是活学活用动物学知识而已

有个旅行马戏团到了你们的城市，你想和爸爸妈妈一起去看他们的表演？**这听起来确实挺有意思的，但是……**

在买入场券之前，你们最好首先搞明白，马戏团表演的场地上是不会出现野生动物的。训练狮子、熊跳舞和羊驼吐口水，这些看起来充满乐趣的动物表演，其实对动物们来说未必是件有趣的事情。多数时候它们都是在压力之下被迫站到坐满观众的大马戏团帐篷里的表演场地上的。知道这些真相之后你是不是更愿意去看一场电影？

我能为动物做的100件事

动物们和你一样，也是有感情的，它们也有朋友，也会感到痛，它们也会死，所以它们也有权好好生活下去，就像你一样。

（彼得·罗塞格，1843—1918）

什么熊会飞？

答案：小熊在耳机。

3 蛋！蛋！蛋！

"如果我是一只鸡，我就不会有那么多烦恼了……"

你听过这首古老的流行歌曲吗？可事实上鸡的生活并不像这首歌里唱的那样美好，很多母鸡一生都待在一个狭小的空间里，不停地吃饲料和不停地下蛋。所以，如果你要买鸡蛋的话，**选择那些放养的鸡下的蛋**会比较好。因为这类鸡的活动空间更大、更自由，所以它们的生活也更健康。

最好的鸡蛋当然是野生鸡蛋：生这种鸡蛋的鸡是生活在野外的，吃的饲料也是纯天然的，所以它们生出的蛋也是比较好的。

我能为动物做的100件事

在德国，每个鸡蛋上面都贴有标签，标签上写明了它产自哪种鸡。标签上的第一个数字代表着这个鸡蛋是哪种鸡下的。

数字	饲养方式	评分
0	天然饲料、野生放养	超级棒
1	放养	很不错
2	农场养殖	应急之选
3	铁笼圈养	简直是在虐待动物

怎么判断鸡蛋（生的）还能不能吃？

将生鸡蛋放到玻璃杯里，如果它快速沉到杯子底部，那就说明这个鸡蛋是好的。如果它往上浮，就说明这个鸡蛋已经坏掉了，因为鸡蛋内部腐烂所产生的气体会令整个鸡蛋产生浮力。

4 狗狗的美味饼干

你家里养狗么？如果养的话，那就为狗狗亲手做一些美味的饼干，它一定会很开心的！

你所需要的配料只是：
- 250 克面粉
- 100 克发酵好的奶酪
- 100 毫升植物油

将所有配料放到一个碗里面，并加入少许生粉。记得在放生粉之前，把它们放进冰箱里冰 1.5 小时，这样待会儿搅拌起来会更容易。

然后将锅加热到 180 摄氏度，用擀面杖把那些生面粉擀成 10 厘米左右的厚度，然后放到做饼干的模具里，你可以用蛋筒的模具把面粉团做成小狗的窝的形状。

接着你可以把面粉用纸包好放进烤盘里，然后打开烤箱开关烤上大约 15 分钟，烤完后等 2 小时再把完全冷却的饼干拿出来。

注意：烤的时候一定要把饼干完全包裹住，这样它的保存期限可以更长一点。

顺带一提：
很多狗狗也很喜欢胡萝卜和苹果的味道，你可以用这些食物试试看！

5 别让小鸟们掉下来

很多时候，导致小鸟们从空中坠落的原因不是别的，就是那些大玻璃门。玻璃门越大，对小鸟们来说就越危险。小鸟们要么不知道前面是玻璃，要么就是当它们发现的时候已经太迟了。尤其是当它们看到玻璃门后面是美丽的灌木丛或花朵的时候，坠落事故就更有可能发生了。

所以你可以：

剪一个小鸟的样子贴在玻璃门上，材料最好是黑色的纸张，并且用透明的胶带粘在门上，这样，在门的另一边也会显示出一只小鸟的样子。如果你的父母也打算参与进来，那你们可以在窗户上发挥点别的创意，比如把彩色的玻璃纸或者妈妈的针织布贴在窗户上。总之，你只要能让小鸟们认出这是玻璃就行了。

那么你们学校里的情况又是怎样的呢？已经贴了图片还是什么都没贴呢？如果是后者，那你记得向老师提建议，赶快在窗户上贴点什么吧！

我能为动物做的100件事

有两个鸟类学家偶然碰到一起,其中一个很自豪地宣布:"我发现了信鸽和啄木鸟的杂交品种!"

另外一个好奇地问:"你是怎么发现的?"

之前的那个鸟类学家于是说:"我看到一只信鸽衔着一封信,不停地在一扇玻璃门上敲。"

不是所有的鸟都会飞!

大约有40种鸟不会飞,其中最有名的就是企鹅和鸵鸟。

6 小鱼不会马上变大鱼

鱼肉很好吃,也很健康。但是请你注意: 很多鱼由于被抓得太多,根本来不及繁殖下一代。我们把这种行为称为"过度捕捞"。

在德国,买鱼的时候可以留意一下鱼的外包装上是否有印章(比如"MSB",这其实是"海洋事务管理委员会"的缩写),或者干脆直接问鱼贩,那些新鲜的鱼是从哪里来的。如果鳟鱼、鲱鱼、鲑鱼、鲭鱼、鲇鱼、沙丁鱼、黑鳕鱼、金枪鱼、梭鲈鱼和其他很多种类的鱼的外包装上有这类印章,那就说明这种鱼没有过度捕捞的问题。

我能为动物做的
100件事

你知道吗？

鱼也是基督教信仰的一种象征。很多基督徒都会在自己的车上贴一个鱼形状的贴纸。

捕捞金枪鱼还有一个潜在危险： 那就是海豚也可能被缠在捕金枪鱼的网里。所以，在买金枪鱼的时候请你务必留心你要买的金枪鱼是不是使用了避免误捕海豚的捕捞方式。

三文鱼对金枪鱼说："哎哎，你看那边的章鱼，长得好恶心啊！"金枪鱼没理它。三文鱼不甘心，又推推它："你看，你看……"金枪鱼忍不住了："大哥，我们不熟。"

7 羊毛是从哪里来的？

你穿毛衣吗？ 如果穿的话，那你可以留意一下毛衣的毛是从哪里来的。其实毛衣的毛都来源于动物的毛，人们用剪、梳或者拔的方式把它们收集起来做成毛衣。我们最熟悉的毛衣原料当然是绵羊毛，但其实山羊毛、骆驼毛和兔毛都可以用来做毛衣，只不过这几种动物的毛相对而言不太好保存。

那么我们可以做点什么呢？

如果你想要买一件毛衣，你可以留心了解一下这件毛衣原料的来源，或者你可以干脆选择一些别的替代性产品，比如用棉花（棉花又叫植物毛）或者腈纶以及其他人造材料制成的衣服。

我能为动物做的
100件事

顺带一提：

丝绸也是一种来自动物的原材料。丝是蚕的分泌物，是蚕在变成蛾子之前——还是蛹时——产生的。

所有的羊看上去都一样吗？

当然不是！科学家们经过研究已经确定，一只羊可以记住 50 张其他同类的脸足足达 2 年之久。

8 如果你看到一头小鹿在草地上躺着……

如果你走过草坪的时候看到一头小鹿躺在上面，**那你千万不要走近去摸它！**通常情况下，母鹿会留下自己的孩子独自去觅食；但有时候它也会因为想要保护自己的子女，故意把敌人引到其他地方去。

万一母鹿发生意外，那么就只剩下小鹿了。你可以观察一下你看到小鹿的地方，然后把你看到的情况向当地的森林管理员汇报。

为什么不能直接去触摸小鹿？

如果你去触摸小鹿，它很有可能就会沾上你的气味，这有可能导致鹿妈妈认不出自己的孩子，甚至遗弃它。

我能为动物做的
100件事

很有意思的是：

在小鹿出生后的第一周里，母鹿只会给它喂大约半个小时的奶。这其实是为了保护小鹿，因为它们的天敌随时都有可能出现。它的"本能反应"也会告诉它，不能趴在地上不动，那样是非常危险的。

9 蜘蛛是益虫！

你知道吗？害怕蜘蛛是人类常见的心理，这种心理也叫蜘蛛恐惧症。其实世界上只有少数几种蜘蛛是会伤害人类的。**相反的**，大部分蜘蛛都是益虫，它们专吃害虫。如果你也害怕蜘蛛，那就先翻到136页，看看有什么办法可以缓解这种情绪。

所以，如果蜘蛛在你家安家了，请欢迎它们。很多蜘蛛虽然看起来很恐怖，但是我敢打赌，只要你仔细观察它们一段时间，你就会发现，它们其实是很有趣的小动物，你再也不会想要用卷起来的杂志打死它们或者用吸尘器把它们清理掉了。

蜘蛛的真名其实是织网蛛，因为它们真的很喜欢织网。有机会你可以去野外看看，蜘蛛们织的网是多么完美。除了织网蛛之外，还有其他很多蜘蛛目的动物也喜欢织网，比如盲蛛。蜘蛛并不是昆虫。

蜘蛛有几条腿?
a) 4　b) 6　c) 8

答案：c。

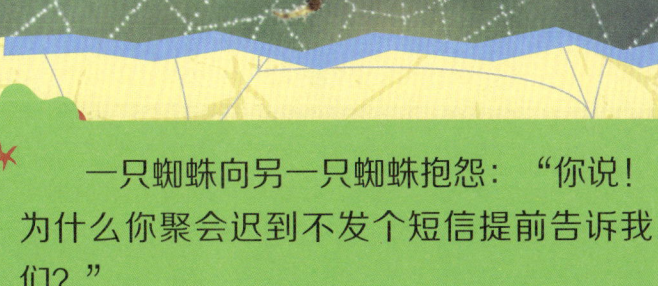

一只蜘蛛向另一只蜘蛛抱怨："你说！为什么你聚会迟到不发个短信提前告诉我们？"

另一只回答："我也没办法，没网啊！"

10 团结力量大

你要怎么做才能帮助动物们？

你可以做很多事情去帮助它们，比如当你在买东西的时候多留心产品是否对动物造成伤害，或者多向你的父母、老师、朋友们宣传保护动物的方法。当然，最好的办法就是你和他们一起行动起来保护动物。

或许你有兴趣和你的朋友们一起组织一个动物保护组织？只要是和动物保护有关的内容都可以，你们可以在里面讨论和策划一些具体的行动。如果你们当中有人收到消息，知道有动物被虐待的情况出现，那你们就可以一起采取行动。比起一个人单兵作战，团队行动的力量要大得多，能做的事情也更多。

你也可以加入现有的动物保护组织。不过很多类似的俱乐部都有最低年龄限制。如果你想要加入的俱乐部也有这种规定，那么你最好请一个成年人帮忙，让他替你成为会员，就当成是给你的生日礼物。

11 要饲料，不要甜食

和父母一起去附近超市买东西的时候，你要乖乖地听话，并且主动帮忙。另外，也别忘了给那些无家可归的小猫小狗们买点猫粮或者狗粮。在很多超市的入口处都有类似的捐赠箱，你可以把买给流浪猫和流浪狗们的食物扔在里面。相信在做过这样的善事之后，你再买小熊软糖的时候心里会更开心。

我能为动物做的
100件事

你知道吗？

世界上第一个动物保护组织成立于 1824 年，地点在英格兰。这个组织的名字叫"皇家反虐待动物协会"。而德国的第一个动物保护组织成立于 1837 年 6 月 17 日，创始人是施瓦本地区的一个神父，名叫阿尔伯特·克纳普。

12 自己动手做食物给小鸟吃

你有兴趣自己动手开个"小吃铺"吗? 你的客人们是欧洲知更鸟、山雀、戴菊莺和其他小鸟,这些鸟在冬天很喜欢出来觅食。

你所需要的材料有:
- 一个小花盆
- 一根大约15厘米长的木棍,木棍的粗细要刚好能插进花盆下面的小洞
- 一条结实的电线
- 一个纸板盒
- 小鸟吃的饲料,大约200克
- 椰子油(没加盐的),大约100克

我能为动物做的
100件事

首先你可以准备好食物： 先把椰子油放到锅里加热融化（你可以找你的父母完成这个步骤）。加热完之后把锅拿开，然后把饲料倒进去搅拌。油和饲料的比例大约是1比2。

现在把木棍用电线绑在花盆的中间，并且打个结，这样做是为了避免棍子从花盆底下的洞里掉下去。之后你再用电线的另一头把花盆挂在随便哪棵树上。

接着你可以从纸板盒上剪一个圆，大小要正好和花盆底部差不多。然后在圆纸片的中心钻一个洞，放在花盆底部，再把绑了电线的木棍从这个洞里穿过去。这样一来棍子的尾巴上就缠着电线挂住了树，往下又正好从花盆底部露出来，这个位置刚好可以让小鸟落脚来吃东西。

别忘了你刚调制好的饲料。 把刚刚搅拌好的饲料填在花盆里的棍子周围,等这些饲料完全冷却下来之后,它们就会粘在花盆里。然后你就能把这个自制的"鸟类小吃铺"挂在屋子外面的树枝上了,不过记得要倒过来挂哦。

我能为动物做的100件事

戴菊莺

小建议：

要想让你的"小吃铺"看起来更漂亮一些，你可以用油画笔给它上上色！另外还要注意的是，不要把"小吃铺"挂在太阳底下暴晒，否则椰子油可能会融化，"小吃铺"就有可能掉下来。

13 肉是来自工厂的吗？

很多专家都认为，适量的肉制品不但有利于健康，而且肉本身也是一种营养丰富的食物。不过你要留意你吃的肉是从什么地方来的，特别是在父母去超市买肉的时候要记得提醒他们注意肉的质量和来源。如果可能的话，尽量购买特定地区出产、饲养方式符合规定的肉。

注意各种药！

在动物的饲养过程中，动物们常常需要服用各种不同的药物，这是为了不让它们染上各种疾病。但这些药的成分难免会留在动物的肉里，然后就会被你吃进肚子。药的味道可不好……

我能为动物做的
100件事

35

14 为什么世界上有猎人？

在很多漫画书和动画片里，猎人们都被描写成了坏人。**世界上有两种猎人，**一种是以猎杀动物为乐趣的，另外一种是因为必须要杀死某些动物而以此为业的。那么为什么有些动物必须要被杀死呢？

假设大自然的运转正常，那么就会有一条看不见的食物链存在，弱小的动物就会被强悍的动物吃掉。而如果弱小的动物变少了，强悍的动物的数量也会减少，因为它们的食物减少了。

但假如大自然的平衡被打破，情况就不同了。比如现在在很多森林里，鹿已经几乎没有天敌了，于是鹿的数量急速增长，这反而令大自然越发不平衡了。

我能为动物做的
100件事

所以猎人加入到了这个游戏当中: 他接手了大灰狼和其他食肉动物的角色,射杀那些食草动物,阻止它们的数量过快增长。所以,从这个角度来说,猎人的角色也是不能缺少的。

但如果将打猎视为娱乐,那就完全是另外一回事情了。试想,如果有人去非洲猎杀大型野生动物,还在你面前拿这个来吹牛,你还能平静地对自己说这样除了很酷之外什么问题都没有吗?

世界上最著名的鹿是小鹿斑比,1942年迪士尼的一部同名电影让它举世闻名。这个形象是奥地利作家菲利克斯·萨尔顿在1923年创作出来的。

15 理解你家的小猫咪

动物虽然不能说话,但也能用某种方式向同类或是其他对象表达自己的想法。下面我们举几个猫语的例子(这些表达方式只有真正懂猫的表达方式的人才知道该怎么反应)。

发出呼噜声

当一只猫咪发出呼噜声时,表示它觉得很舒服。但有时候它发出呼噜声也表示它非常害怕,想要平复自己的心情,或者是想要麻痹要攻击它的敌人。但这种呼噜声是怎么产生的,科学家们到现在也不能完全解释清楚。

我能为动物做的
100件事

发出怒吼声

当一只猫咪发出怒吼声时，说明它非常愤怒，想要警告自己的同类或者别的什么生物。接下来猫咪要么会展开攻击，要么会逃走。在怒吼的同时，猫咪通常还会竖起耳朵，这样它看起来会更大、更有威慑力。

发出"喵喵"的叫声

猫咪发出"喵喵"叫通常是想引起别人的注意，或许你家猫咪是想给你看一些有意思的东西。

发出"咪咪"的叫声

"咪咪"的叫声有很多个含义,有时候猫"咪咪"叫是因为它想去尿尿,而有的时候它们"咪咪"叫纯粹是因为无聊。

发出"咕咕"的叫声

猫咪在玩耍时特别喜欢发出响亮的"咕咕"声,这时它们的声音听起来就像鸽子。

我能为动物做的
100件事

猫咪们还有很多其他的表达方式

比如通过它的行为，通过它的身体语言，通过摆动尾巴和晃动耳朵来表达感情。如果你家里也养猫，那你就仔细观察它的一举一动，看看它究竟想告诉你什么小秘密。

16 花园里的蟾蜍

如果有一只蟾蜍在你家的花园里迷路了，千万不要把它独自留在花园里。小心一点把它抓起来，然后找个桶把它放进去。桶里面要放一点水，但不要放得太多，不要把蟾蜍给淹死。蟾蜍很容易被抓住，所以记得要把它放在远离狗狗和其他动物的地方！

抓住蟾蜍之后，记得尽快把蟾蜍送到附近的池塘或者小河边上。它们可能一开始会趴在那里一动不动，直到你走开，它们才会自己去找一个新的家。**别把蟾蜍放在容易被抓到的地方哦！**

蟾蜍会把卵产在自己挖的洞里，然后它们会离开那里跑到几千米之外的地方。**在春天的时候，司机们要特别注意路上有没有蟾蜍经过，因为此时正是蟾蜍大搬家的时候，它们很有可能会在你开车的时候横穿马路。**

我能为动物做的 100 件事

一个错误的观点是：只有雄性蟾蜍在交配的时候会趴在雌性蟾蜍的背上。事实上，雌性蟾蜍也经常会趴在雄性蟾蜍背上一起出去散步。

在有些国家，蟾蜍会被用来判断妇女有没有怀孕。测试的方法是把蟾蜍放在女性排出的尿里面，如果蟾蜍在里面开始产卵，就可以确定这个女人怀孕了。

17 偶尔吃一天素

我们每天都要吃大量的肉，多得超出我们身体的需要，也超出健康的标准。而且我们吃的肉的来源很多时候都是一些大量饲养的动物，这些动物的生活一般都不怎么幸福。**所以，你为什么不偶尔吃一天素呢？**

和你的父母商量一下，确定一下在哪一天把肉、鱼和香肠放到一边去。在这一天里，你不能吃所有肉制品，你能做到吗？

我能为动物做的
100件事

　　2009年，在比利时小城根特举行了一个全城吃素日，很多饭店在那一天举行了一个**"吃素星期四"**的活动，在这一天它们只提供素菜，也只向学校供应素食。从那之后，一些别的城市，比如不莱梅、萨格勒布、旧金山和开普敦都举办了类似的活动。

"有一个猎人的地方，至少有十个放牧的、一百个农民和上千个园丁。"
（亚历山大·冯·洪堡，1769—1859）

18 蔬菜的营养对孩子够了吗?

很多人现在完全不吃肉,这些人我们称为吃素的人。 吃素的人在吃饭时首先考虑的都是植物。而在这方面做得更夸张的是纯素食主义者,他们完全不吃任何与动物有关的食物,比如鸡蛋和牛奶。他们也完全不穿有任何动物皮毛成分的衣服。

但对孩子们来说, 必须吃肉,至少偶尔吃点,因为小朋友们需要的一些营养成分只有肉里面才有。如果父母都是素食主义者,那么他们最好有一份专为孩子定制的素食食谱,这份食谱要能替代肉类所含有的营养,否则还是等到孩子发育完成之后再让他吃素吧。

我能为动物做的
100件事

　　大蒜先生一家一直吃素。吃午饭的时候蒜妈妈总是朝两个儿子喊:"孩子们,快过来!再不吃,菜就要凋谢了!"

19 给小豚鼠们搭一个小天地

如果你们家里养豚鼠,我有一个好建议给你们: 把养豚鼠的笼子改造成一个真正的豚鼠天堂!

我能为动物做的
100件事

首先是一个两面通的避风港。豚鼠们在野外会到处找能避风挡雨的地方，所以，在笼子里它们也需要这么一个地方。也许在你家的地下室里有一根还能用的水管？如果没有的话，你也可以找一个纸筒来代替，不过纸筒要定期更换，因为它可能会受潮。除了避风港之外，你也可以用一些废品做成桥、帐篷或者各种玩具放到里面，总之，尽情发挥你的创意就行了！重要的是，千万不要使用有毒的材料，否则会伤害到豚鼠。另外，尖锐的东西也不要用。

豚鼠不能单独饲养，最好是两只或者几只一组喂养。

豚鼠（德语原名叫海洋里的小猪，中文名又叫荷兰猪、几内亚猪）来自南美洲，它和猪没有亲属关系，它的名字里之所以有"猪"是因为它的叫声和猪有几分相似。还有一个原因就是，当年是西班牙水手跨越大海把豚鼠带回欧洲的。

20 想要在生日时收到一份订阅的杂志吗？

如果在你生日的时候送你一本杂志，你会选择下面哪一种：漫画书，流行期刊，还是一本动物杂志？当然是最后这本了，不是吗？你在书报亭里能看到各种不同的杂志，你可以挑选一下，看看哪种是你最喜欢的。

还有一个好办法：主要从事保护濒危动物的**世界自然基金会（WWF）**成立了一个叫"小熊猫"的组织，专门吸收7～13岁的小朋友加入。这个组织每年需要30欧元的会员费，并且每个月会向会员发送一次会员杂志。

我能为动物做的
100件事

也有一些免费的杂志:

在德国的药房和银行里都放着一些儿童杂志,这些杂志虽然不是专门以动物为主题,但经常会有一些跟动物有关的内容。

"对知识进行投资,你将得到最高的利息回报。"

21 为动物光顾儿童跳蚤市场

你家里有一些你已经不玩的玩具吗？ 又或者你在帮爷爷奶奶搞大扫除的时候在地下室或者天花板上找到一些放了很久的旧东西？这些东西你都可以拿到跳蚤市场上卖掉，得来的钱你可以捐给动物之家或者致力于保护动物的大型组织。当然你也可以把钱用在自己家的宠物身上。

所以，你尽可能多换点钱吧！ 在跳蚤市场开张之前，先想好你手头上的东西打算卖多少钱，然后给每样商品设一个最低价和最高价，尽量在比较高的价位把手上的东西卖出去。如果最高价没人要，你再慢慢地降到最低价（在最低价时无论如何都要卖掉）。

另外,尽量早点到跳蚤市场,这样才能抢到好位置。去之前问问你的朋友们有没有兴趣一起参与进来,一起卖东西一定会更开心。

两个德国东弗里斯兰人一起去跳蚤市场,他们都对一个带柄的小镜子很感兴趣。其中一个人边照镜子边说:"真有意思,我好像在哪里见过这个人。"另外一个人拿过镜子照了照说:"没错,你认识这个人的,这不就是我么!"

22 帮助松鼠过冬

冬天对很多动物来说都是一个很危险的季节。

当我们坐在暖气房里把玩着手里的酒杯时，很多动物却必须在野外同寒冷以及冰雪做斗争。

松鼠们很清楚它们在冬天需要什么、害怕什么：一只松鼠会收集10000颗橡果、山毛榉果实、榛子或者核桃，把它们藏在不同的地方作为过冬的食物。

我能为动物做的
100件事

当这些都完成之后,松鼠们就开始准备冬休了。在冬休过程中它们也会醒过来,把藏好的食物挖出来吃。不过松鼠自己也记不住所有藏食物的地方,所以有些食物到最后被其他动物吃掉了。更糟糕的是,有时候地面结冰得厉害,导致松鼠根本没办法把它藏好的食物挖出来吃。

很多松鼠挖不出来或者再也找不到的种子,常常在第二年春天的时候发芽,长成一棵新的植物。

松鼠的天敌中最常见的是猫、松貂,另外还有各种猛禽,比如猫头鹰和苍鹰。

松鼠的窝叫什么?

a) 城堡

b) 穴

c) 巢

答案：c。

我能为动物做的
100件事

你想帮助小松鼠们吗？ 你可以在冬天多收集一些松鼠喜欢吃的东西，如橡果、山毛榉果实、榛子或者核桃之类的，还有云杉、冷杉和松树的松果，它们也很喜欢。当然，它们喜欢的其实是果实里的果肉。你可以把这些果实藏在地下室或者花房里，当冬天来临的时候，就可以一点点地把这些果实拿出来放到森林里不同的地方。

山毛榉果实　　　　榛子

橡果　　　　核桃

23 冬休和冬眠，它们的区别是什么？

当很多动物，比如松鼠和浣熊，在冬天进入**冬休状态**的时候，另外一些动物则彻底进入了**冬眠状态**。冬眠和冬休这两种状态需要消耗的能量都很少，所以处于这两种状态的动物都很少进食，这也是因为冬天很难找到食物。冬休和冬眠的主要区别在于，冬休的过程是可以中断的。冬休的动物会在中途醒过来，并且出来找东西吃。而冬眠的动物则不同，它们会睡一整个冬天，比如刺猬和土拨鼠就是这样。

我能为动物做的
100件事

睡鼠

那么你可以做点什么呢?

对那些冬休的动物,你可以在寒冷的冬天给它们喂点食物。而对冬眠的动物,你最好什么都别做,就让它们睡吧。有些需要冬眠的动物万一被人叫醒是有可能会死的!

睡鼠的冬眠期特别长,它可以从当年的9月一直睡到第二年的5月。

24 吃素的日子里的一道美味佳肴——酸菜沙拉

今天吃一天素怎么样? 做一道美味的酸菜沙拉吧！酸菜是一种非常健康的食物，含有丰富的维生素和矿物质。

制作酸菜沙拉需要的原料如下：

- 500克酸菜
- 3个苹果
- 1个橙子
- 6勺甜奶油
- 2勺食用油
- 1茶匙糖
- 1茶匙盐

我能为动物做的
100件事

首先,把酸菜晾干放进碗里。

将橙子去皮后切成小块,和酸菜放在一起。

将苹果削皮、去核,然后用研磨器把苹果磨成苹果碎,撒到放酸菜的碗里。注意,别伤到你的手指!

最后,把其他配料都加进去,把食用油、奶油、糖、盐什么的都倒进去搅拌,然后就大功告成了!祝你吃得开心!

25 保护动物的生存空间

当海洋逐渐被污染,当原本茂密的森林变成了钢筋混凝土的城市,原先生活在其中的动物们不得不离开它们的家园。造成这一切的,不是破坏大自然的"魔鬼",而是我们人类。我们的生活必需品,我们买的任何一件东西,从食物到玩具,都会污染水源,都需要建造工厂来进行生产。

所有的东西都是环环相扣的,所以你也可以在日常生活中做些小的改变,来帮助动物们保护它们的家园:

- 节约水和其他能源,比如说在刷牙的时候别让水龙头一直开着,水是十分珍贵的。
- 没必要的时候不要开灯。

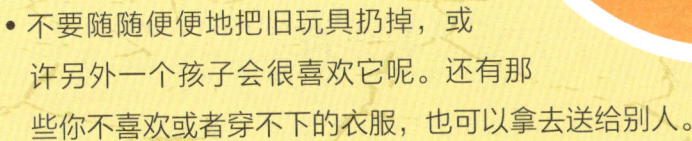

我能为动物做的100件事

- 不要随随便便地把旧玩具扔掉，或许另外一个孩子会很喜欢它呢。还有那些你不喜欢或者穿不下的衣服，也可以拿去送给别人。
- 将家里的垃圾分类，这样一来有些垃圾就能被拿去再循环利用。
- 尽可能少制造生活垃圾，比如你可以把课间休息吃的面包放在盒子里带到学校去，而不是每天带一个装着面包的塑料袋，这样就能减少垃圾的产生。

"直到最后一棵树被砍倒，最后一条河被污染，最后一条鱼被抓走，你们才会发现，钱是不能吃的。"

（印第安谚语）

26 少吃加工食品

给你一个建议：尽可能不吃加工食品。和你的父母聊聊，告诉他们你想尽量多吃些新鲜食物，一是因为这样会更健康，二是因为我们也确实不知道加工食品里究竟有些什么东西。

商家总是想着要降低产品的生产成本，因此，经常会将廉价的配料加在食品里。只有吃大杂烩火锅的时候，作为客人的我们才会自己选择添加的配料。

那些生产快餐的饭店也是如此操作的。这些饭店也不会使用最好的配料，因为这样才能获得更多的利润。所以，去快餐店吃东西最好只是偶尔为之。

27 豚鼠之家

给你的小豚鼠们造一间木头做的房子吧!

首先,你要确定一下你要造一间多大的房子,你只有一只豚鼠,还是有好几只?总之这间房子一定要让你的小宠物们在里面住得舒服!

好,现在可以开始加工了。首先,你要拿两块长的(大约 25 厘米)、两块短的(大约 15 厘米)木板当房子的墙壁。房子的高度应该在 15 厘米左右,最高不要超过 20 厘米。在一块短的和一块长的木板上分别锯出一个门。**这个步骤最好找一个成年人来帮忙**。然后用木材胶水把木板粘到一起。粘完之后,你可以用钉子进一步加固。这个步骤你也可以找个成年人帮忙。

我能为动物做的 100 件事

接下来你要给房子做一个房顶。你可以拿一块木板，锯成合适的大小，然后粘到刚才做好的四面墙的上方。

最后，如果你能再给这间房子配一个用窄木条做的梯子，那就最好了。这样，小豚鼠们就能爬到房顶的露台上了。如果你喜欢的话，还可以给房子加上一点装饰或者涂上颜色。

你家没养豚鼠？没关系，其他啮齿类小动物也会喜欢这样一间屋子的！你只需要按照你的小宠物的体形调整一下屋子的大小就可以了。

28 动物实验的目的是什么?

很多人都反对拿动物做实验。 动物实验是指为了科学研究的目的或者为了观察某种药品或化妆品是否会伤害到人体,而在动物身上进行的实验。所以,动物实验的目的是帮助人类避免可能受到的伤害。每年有几百万只动物死于这种实验:其中有小白鼠、家鼠、家兔以及狗、猫和其他种类的动物。

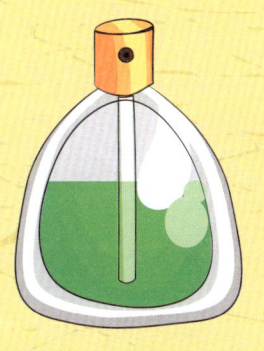

我能为动物做的100件事

看完上面的数字，你是不是希望因为实验而死亡的动物数量能少一点呢？ 那么你在陪父母买东西的时候可以只把那些注明了不使用动物进行实验的化妆品放进购物车里。一般没有使用动物进行实验的产品都会把这个内容标识在外包装上。另外，在德国，动物保护组织还会向大众提供相应的产品名单。

同样有用的办法还有：

使用化妆品的时候尽量省着点用。你真的需要50种化妆品吗？还是说，其实5种就够了？动物们会为你少用化妆品的善举而感谢你，而且就算是这样，你也是一样的美丽！

29 你可以自己做唇膏

要想用上不需要动物实验就能生产出来的化妆品一点也不难，你自己就可以做出来！试试看，自己动手来做一支润唇膏吧！

你需要的只是：
- 4茶匙杏仁油
- 2茶匙白蜂蜡
- 2茶匙蜂蜜

什么东西你经常挂在嘴边，但你又尝不出是什么味道？

答案：唇。

我能为动物做的
100件事

首先把蜂蜡和蜂蜜放进一个清洗干净的小果酱瓶里。为了让这两种东西能融合在一起，把这个果酱瓶放到一个锅里面加热，锅里面要放一半的水。这个步骤最好让你的父母帮你一起做！接着把杏仁油倒进去，再盖上盖子（记得用毛巾裹住瓶子和盖子再拧紧，不然你会被烫伤的），然后用力地摇晃这瓶蜡、蜂蜜和油混合起来的东西。等瓶子里的膏状物冷却下来之后，你就能把它涂到嘴唇上了。

什么嘴唇是用石头做的？

答案：悬崖。

30 保护森林里的动物!

每种动物都有它们自己的活动范围,而森林就是很多动物的家。你知道吗?德国有 1/3 的面积是被森林覆盖的。瑞士的森林面积和德国差不多。奥地利更多一些,有一半以上的面积都是森林。在这些森林里住着松鼠、鹿、蝾螈、狐狸、猫头鹰和很多其他种类的动物。

去森林远足总是很有趣的。
如果你随身带着望远镜,那你会看到很多有意思的东西。**不过呢,为了不打搅这些森林里的居民,有一些规矩是你在森林里要遵守的:**

我能为动物做的100件事

- 尽可能在固定的路线上走!
- 做动作的时候轻一点,不要朝着周围大声叫喊!
- 不要乱丢垃圾。如果看到别人丢的垃圾,也要捡起来一起丢到垃圾箱里!
- 不要玩火。火可能会吓到动物,甚至可能引发大火!
- 不要去抓小动物!

森林越多越好,这是因为:

森林可以把对环境有害的二氧化碳加工成氧气,氧气是空气的重要组成部分。一棵树产生的氧气足够一个家庭使用。

 31 给刺猬建个窝

如果你家的花园里有刺猬,那你应该感到高兴,因为刺猬不但可爱,而且会吃害虫,是一种有益的小动物。**你可以用砖头和地砖来给它们建个窝,建一个刺猬城堡:**

1. 在花园的角落找个地方,最好是在灌木丛里面。拿10块砖头垒出一个大约30厘米高的空间,那些砖头就是这个刺猬城堡的四面墙。城堡的内部要留出大约30厘米×30厘米的空间。然后记得朝着东南方向给整个城堡开个门,如果你找不准方向,也可以用指南针来判断方向。

我能为动物做的
100件事

2. 在城堡的底部铺上干燥的落叶和枯草,这样刺猬们在里面可以躺得很舒服。

3. 现在把地砖当成整个城堡的屋顶盖在上面,这方面你可以找成年人帮你的忙。他也可以帮你检查一下整个城堡是不是足够坚固。因为这个城堡应该是刺猬们的避风港,而不是一个危险的地方。

4. 最后用枯树枝和落叶盖在整个城堡的上面,这样能起到保暖作用。

重点提示:

让这个城堡的主人,也就是刺猬们,能在里面安安静静地生活。如果刺猬们已经搬进去了,你就不要动不动就去看它们,这只会打扰它们的生活。

两根牙签从学校放学回家,经过一只刺猬身边的时候,其中一根牙签说:"要是我知道有公交车坐的话,我就不走路了。"

32 训练你的狗狗学一门绝活

狗狗是一种群体动物，它们不喜欢独自住，独自吃东西，而是喜欢生活在一个群体中。所以，有可能的话，你要多和你的狗狗待在一起。**如果你喜欢，你还可以教你的狗狗学点绝活，比如说"狗打滚"。**

你可以这样教他：

1. 让你的狗"坐下"或者趴在地上。

2. 往狗狗翻个身就能够着的地方扔一块好吃的饼干，记得要往它的背后扔过去。

3. 每次狗狗翻个身就给它一点好吃的作为奖励。

4. 当狗狗可以漂亮地完成打滚动作的时候，每次让它打滚时都给它发出一个指令，比如"滚起来"之类的。

> 如果你和它经常练习，你的狗狗就会跟着你的指令打滚，你的朋友们一定会对此感到很惊讶的！

33 动物也有权利

不是只有人才有人权，动物们也有属于它们的权利。 在德国，动物们的权利是由《动物保护法》明文规定的。谁一旦触犯这些法规，就要受到处罚。**这部长长的法规的第一段用通俗的语言来解释，就是如下的内容：**

§1

这部法规的目的是保证动物的生存和它们的健康。动物有权在没有任何痛苦、不受任何伤害的情况下生活下去。

我能为动物做的
100件事

§2

照顾或饲养动物的人需要遵守以下规定：

① 他必须尽到喂养、照顾和妥善安置动物的义务。

② 他必须保证所饲养的动物有足够大的活动空间。

③ 他必须清楚什么是正确的喂养、照顾和妥善安置其所饲养的动物的方法。

当你发现有人违反《动物保护法》的规定时，请拿起法律武器通知一个成年人，请他帮忙举报这个违法的人。

34 在自己的花园里建造一个池塘

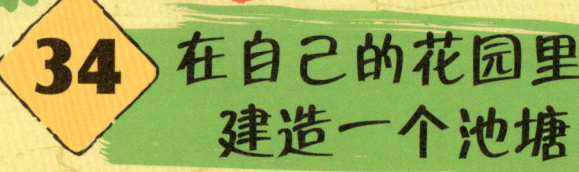

你家有一个大花园？那你可以和你的父母商量一下，在花园里建一个池塘。这个池塘要包括池塘周围的区域。在这个区域里你可以养一些类似蜻蜓、蟾蜍和其他种类的动物。不过有个前提，就是你家里没有年幼的兄弟姐妹，万一他们不小心掉到这个池塘里就不好了。

我能为动物做的100件事

布置这个池塘的步骤一点也不复杂，只需要按照如下几个步骤操作就可以了：

1. 首先，在日出之前你要在空地上把池塘的范围画出来。

2. 然后用铁锹和铁铲挖出一个坑。

3. 当上面的步骤都完成之后，接下来就是最麻烦的工作了。这个时候你不能把石头和植物放进去，因为你要把池塘专用的大薄膜铺到坑里。薄膜的边缘要固定在挖好的坑的上方，这样可以抬高整张薄膜，避免薄膜的底部被划破。

4. 最后的步骤就是把水和水生植物放到刚才铺好的坑里。因为池塘也是鱼儿们的家，所以别忘了在里面装一个池塘专用的水泵。

你知道吗？

德语中的"池塘"这个词来源于古希腊语 bios（意思是"生活"）和 topos（意思是"地方"）的组合。

35 在阳台上建一个迷你池塘

如果你家没有花园,你也可以在阳台上找一个养花的桶或者类似的容器,总之是随处可见的容器,然后在里面建一个小池塘。具体操作步骤如下:

1. 先把你要安置池塘的容器放到一个时不时能晒到阳光的地方,但不要把它放在被太阳直射的地方,不然你就得不停地给池塘加水来补充蒸发掉的水分了。

2. 在容器里放进大约20厘米厚的泥土(如果容器比较高的话,那你在往里装土之前记得要先在里面放几个膨胀黏土球)。

3. 接下来往里倒入大约2厘米厚的细砂石,这是为了不妨碍藻类在里面的生长。

我能为动物做的
100件事

4. 把水生植物种到小池塘里，比如小型的白睡莲、凤眼兰或者水蕨。你也可以去花鸟市场打听一下种什么好。

5. 现在你可以往容器里倒水，注意要慢慢地倒进去。一旦你倒水进去了，就不能再移动这个容器了。

这样一来，你的小池塘就做好了！是不是很期待会有什么小动物住到里面去啊！

36 陪父母一起去买东西

在你可以为小动物们做的事情当中，**尽量避免购买那些会对小动物造成伤害的商品**是最有用的。所以你要多陪爸爸妈妈一起去买东西，这样你就可以向父母提建议，什么该买什么不该买了。如果你足够自信，你父母也允许的话，你也可以带上购物清单和足够的钱自己去买东西。

我能为动物做的
100件事

以下两点是你不论在哪种情况下都要做到的：

- 和你的父母一起决定在购物清单上列哪些东西，然后严格按照清单买东西，不要多买也不要少买。

- 事先看一下包装盒上的说明，了解内部食物是由什么材料做成的，如果这个材料是可疑的，那你就要问问你的父母或者售货员，有没有其他产品可以代替。

在超市门口有一个小吃摊，摊主大声地吆喝："热香肠（与德语"我叫香肠"同音）！热香肠！"小弗里茨站在小吃摊边上也跟着一起喊："欢迎你！我叫小弗里茨！"

37 写一封读者来信

当你有空的时候,你可以和其他人一起分享你的想法,特别是那些跟周围的动物有关的想法。这些想法你不但能和自己的朋友、亲戚分享,其实还可以和很多其他小朋友分享。想知道要怎么做吗?

写一封读者来信就可以了!

你不想花钱寄信?那也行,很多杂志都接受电子邮件形式的读者来信。

我能为动物做的
100件事

读者来信就是一封读者为了把自己的想法分享给大家而写给杂志的信。 有可能你在读了一篇关于动物保护的文章之后有些话想说？每本杂志上都会列出出版单位的联系地址，你可以按照这个地址给杂志社写信，告诉他们哪篇文章最吸引你。要是运气好的话，这封信就可能被杂志登出来。

没有退信：

印度人马德胡·阿格拉瓦尔在一年里面有334封读者来信被杂志刊登了出来，创造了吉尼斯世界纪录。

38 妥善处理流浪狗

大部分的狗狗都很友善,而且很喜欢人类,但也有一些狗狗很危险,所以如果和狗,特别是陌生狗狗待在一起,你要多加小心。

注意按照以下的方法做:

- 在你和一条陌生狗狗接触之前,先征得狗主人的同意。

- 注意狗狗发出的信号:如果狗狗开始避开你或者嘴里发出"呼噜呼噜"的声音,那你最好让它单独待着。

- 不要直视一只陌生狗狗的眼睛,狗狗们会把盯着它们的目光当成是攻击的信号。

"一百个人当中我只会爱一个,一百条狗当中我会爱99条。"
(玛丽·冯·艾森巴赫,奥地利女作家,1830—1916)

我能为动物做的
100件事

- 如果你看到一条狗狗感到害怕，千万别逃走，这会激起它捕猎的本能。你只需要静静地走开，忽视它的存在。大部分狗狗都会很快觉得没意思，然后跑开的。
- 如果你看到有狗狗在咬别的狗，要赶紧找成年人帮忙。不要尝试自己去抓它们，否则你自己也会有危险的。
- 不要在一只狗狗睡觉或者吃饭的时候打搅它。
- 如果你把狗狗逼到墙角或者让它感到痛，就算再乖的狗狗也会发怒。所以，对待狗狗的时候要小心谨慎一些！

39 自然形成的发型最棒

与其用那些用动物做实验的产品来做发型,不如试试用些简单的材料自己做一款定型水:

你所需要的材料有:
- 1茶匙蜂蜜
- 1管水果醋
- 1个空的果酱瓶

加热250毫升水,然后把蜂蜜加进去搅拌。再加入水果醋。加醋是为了防止头发粘在一起,如果没有醋,你也可以用柠檬汁代替。为了让你的头发闻起来更香,如果你手头有的话,你也可以往里面加一点精油。然后把所有的液体装到果酱瓶里。现在你可以开始做头发了。先把头发洗干净,再把自制的香波抹到头发上,之后你就可以梳一个你喜欢的发型了。

我能为动物做的
100件事

如果没有蜂蜜、水果醋,你也可以用糖水代替,这样你的发型还能定型定得更久一些。你可以先用一点点自制定型水做实验,反正蜂蜜和糖都是很容易洗掉的。

这种甜甜的定型水也有一点点缺点:它会把你周围的昆虫吸引过来,到时候周围的人一定很奇怪为什么这些虫子围着你转。

40 试试做一个蔬菜汉堡

准备一下,做一个蔬菜汉堡吧。

你需要的材料只是:

- 1根黄瓜
- 2根胡萝卜
- 1个洋葱
- 1个鸡蛋
- 150克燕麦片
- 50克碎奶酪
- 5汤匙粗面粉
- 1汤匙葵花子
- 调味料
- 食用油
- 切片奶酪
- 1~2个西红柿
- 1~2片生菜
- 4块汉堡面包片

我能为动物做的
100件事

首先,把葵花子放到平底锅里煎炒后倒到大碗里。接着把洋葱磨成小碎末(你可以找父母帮你)。然后把洋葱放到锅里焖煮一会。再把黄瓜和胡萝卜以同样的方式磨成小碎末,和洋葱搅拌在一起,焖煮几分钟后倒到刚才放葵花子的碗里。然后把燕麦片和奶酪放进去,同时把鸡蛋和调味料(盐、胡椒粉、牛至叶粉,总之根据你的口味选择)也加进去。捞出所有的东西,放进冰箱冷藏1小时,拿出来之后把这些混合物捏成4块面包大小,放在粗面粉里滚几次,然后加点食用油再煮一下。最后,你把这些馅料加上生菜叶、新鲜西红柿和奶酪片裹在一起,用面包片夹起来就大功告成了。

41 课堂上的动物保护

你在学校里会和同学们聊关于保护动物的话题吗?

如果还没有聊过,那至少你也应该和你的老师聊聊这个话题。如果正好有传染病(比如猪瘟或者禽流感)爆发,那就是开始这个话题的最佳时机了。其实,现在已经有越来越多的小朋友对保护动物的事情感兴趣,所以展开这个话题一定会吸引很多班里的同学来讨论的。大家能在交流过程中说出自己的意见是最重要的。当然,老师会有他的教学计划,但只是提几个问题又有什么关系呢!

> 一只企鹅躺在一只袋鼠的育儿袋里,袋鼠蹦跳着穿越整个澳大利亚平原。企鹅擦了擦额头上的汗,懊悔地说:"我再也不要当交换生了!"

哪种老虎看不清东西?

答案：一只戴墨镜的老虎。

我能为动物做的100件事

"我们的世界不是一个粗制滥造的半成品，动物们也不是为了满足我们的需要而制造出来的产品。人类对动物应该抱有的不是同情，而应该是一种平等的态度。"

（阿特鲁尔·舒本豪尔，1788—1860）

42 海豚更喜欢自由自在的生活

我们要想在本地看到海豚和鲸,只能去水族馆。但是水族馆里的海豚和鲸其实是被关在水族箱里展示给我们看的。

你知道吗?人们喜欢把鲸的胸鳍看成是它们的"手",而把尾鳍看成是它们的"尾巴"。

我能为动物做的
100件事

但事实上,海豚和鲸们一点也不喜欢被关在水族箱里,它们更喜欢自由自在地生活在海洋里。**好消息是:** 现在有越来越多的海豚馆被关闭了。所以,如果你真心想要帮助海豚和鲸们,那你可以从自己做起,不去参观那些现在还在对外营业的水族馆。

海豚和鲸不属于鱼类,而属于哺乳动物。除了同属海豚科的齿鲸外,须鲸和蓝鲸也和海豚是近亲。

世界上最著名的海豚是在1963年登上大银幕的一只名叫飞宝的海豚。随着时间的推移,有越来越多的海豚在银幕上扮演了和飞宝类似的角色。在第一部飞宝电影中担任主角的海豚名叫米茨(1958—1972),是一只雌海豚。

 43 给小鸟烤饼干

不止是在星期天，只要你有空，你都可以：在冬天的时候给野生的小鸟们准备一些自己做的小饼干，你可以每天撒一点小饼干在打开门的鸟笼里，或者撒在窗台边上。制作这种小饼干的材料如下：

- 500克高脂炼乳
- 500克食用油
- 3个鸡蛋
- 300克燕麦片
- 250克切碎的坚果
- 100克葡萄干
- 100克粗面粉

我能为动物做的100件事

先把所有的材料放到一个大碗里搅拌,在搅拌期间把烤箱加热到 180 摄氏度。然后把刚才搅拌好的面团放到涂过油脂的烘焙模具里,放进烤箱烤 20~30 分钟,直到饼干的表面变硬并呈褐色。然后把烤好的饼干放进冰箱冷藏几天。如果你烤了很大一块饼干,你也可以先把其中的一部分放进去冷藏。放在冷冻室里的饼干可以保存半年左右。

你打算把吃剩的东西喂给小鸟吃?那你可要小心一点!野生的小鸟是不能吃太咸的食物的。面包和饼干对它们来说也是很危险的,因为这些东西会在它们的胃里膨胀起来。另外,腐烂的食物也不能喂给它们吃。

44 当一只猫咪向你跑来时

当你看到一只猫咪在你家花园里散步时,你是不是会问自己,这只猫是不是为你而来的?基本上这是不可能的!因为猫咪喜欢旅行,如果猫咪老是朝你看,只能说明它想吃了你。很可能其他地方才是它的家。

我能为动物做的
100件事

你必须做点什么，当：

- 猫咪看上去皮包骨头、毛发凌乱的时候——这时候它可能真的会向你跑过来。
- 猫咪似乎是被人遗弃在一个荒凉的地方的时候。
- 猫咪因为被车撞到或者被其他动物咬到而受伤的时候。

在以上这些情况下，你可以先照顾这只猫咪，但同时要立即通知当地的遗弃动物收养所。这些机构可以判断这只猫咪身上有没有识别它身份的电子芯片或者花纹。另外，也别忘了把猫咪带到宠物诊所去检查一下，因为野外的猫咪很可能感染上各种疾病。

如果有猫咪走失了，猫的主人经常会把寻猫启事贴在布告栏或者树上，所以，当你在路上走的时候，可以多留心一下这些地方。

有趣的是： 不只是狗的小宝宝，猫的小宝宝我们也叫它们幼崽。

45 养老鼠当宠物

你是不是觉得老鼠很脏？其实完全不是！老鼠是非常聪明的动物，能给人类带来很多的乐趣。不过，以前的情况完全不是这样，因为那时候老鼠们身上总是携带着各种病菌，而且经常偷吃紧缺的粮食。

而今天想要把老鼠当宠物饲养的人，首先要牢记以下几条：

- 老鼠是群居动物，不能只养一只。
- 养老鼠需要一只很大的笼子，因为它们要在里面爬上爬下。
- 老鼠是很温顺的动物，它们的寿命大概只有两到三年，所以养之前你要想清楚能不能忍受在这么短的时间里失去一只自己喜欢的小动物。
- 老鼠经常会咬东西和磨蹭自己的身体，所以你要小心照料它们。

我能为动物做的100件事

世界上最早开始养老鼠的是英格兰人杰克·布莱克。他本来是一个专门为英国维多利亚女王抓老鼠的人。大部分被他抓到的老鼠都被他杀死了,但他会留下一些特别漂亮的老鼠来喂养。

你应该知道:一只老鼠的头可以穿过去的地方,它身体剩下的部分也一定能穿过去。

46 教鹦鹉说笑话

鹦鹉（虎皮鹦鹉是其中一种）是非常聪明的动物，它们甚至可以说话，当然它们只是根据它们听到的话进行鹦鹉学舌。

你可以这样教你的鹦鹉说话：

- 每天花一点时间教它，因为只有不断重复才能有成果。

- 好好考虑一下你想教鹦鹉说什么词语或者什么句子，然后每天不断地重复给它听。记住要说得清楚明白，而且每次要尽量用相同的语调跟它说，因为这些都是鹦鹉会学习的内容。

我能为动物做的
100件事

除了鹦鹉,鹩哥这种鸟也具有语言天赋。这种鸟主要在亚洲生活,属于椋鸟科。

- 刚开始的时候只教鹦鹉说一些简单的词语和短小的句子,当它可以掌握这些单词和句子的时候,再教它复杂的词语和句子。
- 不要教鹦鹉说些带有字母S的词语或句子,因为鹦鹉很难发出这个音。

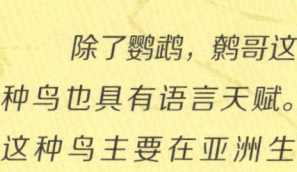

对鹦鹉来说最重要的是在学的过程中有乐趣,只有这样它才能完美地复述你说出的词语和句子。你可以在它说得好的时候,喂它一些葵花子作为奖赏。

47 小心狂犬病！

狂犬病是一种极其危险的传染病。全世界每年有超过50000人死于这种疾病，其中超过一半是小朋友。这种病毒主要是通过被动物咬破的伤口进入人体的，一旦感染就几乎是致命的。

不过现在有一个好消息：在我们周围已经不太看得到狂犬病的病例了。大部分因狂犬病而死亡的病例现在都发生在印度地区。不过，是否感染了狂犬病，表面上是看不出来的。如果一只野生动物在森林里遇到你时表现得非常温顺，那你就要小心了，它可能已经感染上了狂犬病。

我能为动物做的
100件事

如果你是一只狗或者一只猫的主人： 记得定期带你的宠物去打狂犬疫苗。假如你带你的狗去森林里散步，千万不要松开缰绳，不然它要是去追一只染上了狂犬病的猎物，就很有可能被传染，这不但对狗狗很危险，对你自己也很危险。而猫咪在森林里是没法独自生活的。

为什么这种病叫狂犬病呢？ 因为这种病会直接影响人类和动物的大脑，感染后只要周围的环境有一点点刺激就可能导致得病的人发狂。

那么如果不小心被感染了狂犬病的动物咬了，该怎么办呢？
那就应该马上去医院！并在被咬后的 1 个小时内注射狂犬疫苗。

48 种一片野花

很多人概念当中的美丽花园，就是所有的草都被修剪得整整齐齐，在花园的周围还长着几朵孤零零的花和灌木。但蜜蜂和蝴蝶们可不一定喜欢这种花园。

蜜蜂和蝴蝶们更喜欢整片的彩色野花。如果在你家的花园里也有一片野花，那就能吸引来一大群漂亮的益虫。你或许可以跟你父母商量一下，让他们把花坛里的一小块空地交给你打理。野花的种子可以去花鸟市场买，花不了多少钱。

需要提醒你的是：

种在室外的野花需要有人定期去照顾。不要去摘像虞美人、法兰西菊、矢车菊这类花。告诉所有想摘花的人为什么不能摘花：因为这些花是蝴蝶、蜜蜂和其他昆虫的食物。

虞美人　　　　**矢车菊**　　　　　　**法兰西菊**

赫尔加对她丈夫说："鲁迪，去给花园里的花浇浇水！"她的丈夫回答："可是外面正在下雨啊！"赫尔加不以为然地说："那你就穿上雨衣去浇水！"

49 打理狗狗的皮毛

你有一条狗狗，想让它看起来很精神而且它自己也感觉很舒服，是吗？

那么下面的几条建议对你或许很有用：

刷毛

基本原则： 如果你养的是长毛狗，那么每天都要给它刷毛；如果是短毛狗，那么一周刷一次就足够了。刷的时候要用带橡胶刷头的特制刷子，不要用金属刷头的刷子，那会把狗狗弄疼的。

剪毛

一年里至少要去专门给狗狗理发的店铺给狗狗剪一次毛。在那里，工作人员除了会给狗狗剪毛之外，还会给它的皮肤做护理。另外，狗狗的耳朵和爪子在那里也会得到很好的保养。让你的宠物好好享受一下就对了！

我能为动物做的
100件事

洗澡

狗狗是不能在浴缸里洗澡的，因为它们会发出臭气，所以它们洗澡一般都是在清澈的小溪或者湖里洗的。如果你有狗狗专用香波的话，那可以先把狗狗移到浴缸或者莲蓬头下面，然后挤出适量的香波到狗狗身上，再顺着它的毛毛揉搓一下，最后冲干净，再用毛巾给它擦干。

喂食

如果经过上面几个步骤狗狗的皮毛看起来还是不尽如人意，那可能就是因为你喂养的方法或者是狗狗本身的健康有问题了。所以，为了让狗狗能有一身美丽的皮毛，你可以在它的食物里每天加一两勺食用油。不过千万注意别喂得太多让它吃胖了。

50 如果有蝙蝠迷路进了你家

你觉得蝙蝠很毛骨悚然吗？为什么呢？
住在我们家房檐里的蝙蝠们其实是一种无害的动物。不过如果它们感到很害怕的时候，也是会咬人的。

但是别担心，与其他国家的吸血蝙蝠以吸血为生不同，德国的蝙蝠只喜欢吃昆虫。

不要害怕蝙蝠，其实它们很需要我们的保护。即便有一只蝙蝠迷路闯进了你家，这也绝不会是什么坏事，你只要在晚上打开窗户，等它自己飞出去就行了。

我能为动物做的
100件事

如果你在室外抓到一只蝙蝠，而且想把它带到一个安全的地方，**那记得要戴上手套**，因为被蝙蝠咬一口不但很疼，而且很有可能感染上疾病！

如果你遇到一只不知道什么原因不能飞的蝙蝠，你可以先把它放到一个盒子里，用吸管给它喂水喝，然后打电话给当地的遗弃宠物收养所寻求帮助。

在一个旧仓库里有100只蝙蝠头向下挂在一根房梁上，因为这样的姿势蝙蝠们感到最舒服。只有一只叫莉迪亚的蝙蝠头向上站在房梁上。另外一只蝙蝠问它："莉迪亚，你怎么了？你觉得不舒服吗？"莉迪亚说："我很好，我只是在练瑜伽而已。"

51 不受欢迎的下一代!

你的爸爸妈妈或者你的朋友们肯定告诉过你,人和动物的后代是怎么生出来的。但有时候新生儿也不一定就是受欢迎的,比如家里养的宠物兔子或者猫生出的小兔子和小猫。这些小东西最终只能被送给别人。其实,所谓完美的宠物是不存在的,所以,这些小动物们的痛苦其实也是注定的。

而你可以为它们做的就是:
为了不让你家的宠物接触到外面的那些正处于发情期到处乱窜的野猫,你得给你的小家伙做阉割或者绝育手术。不管你家里养的宠物是雌的还是雄的,这个方法都是适用的。一只被阉割过或者做了绝育手术的动物是没有办法生育的。做这样的手术肯定要花点钱,但是一定要做,**这是为了你的宠物好!**

黑猫会带来不幸?
这取决于你是一个人还是一只老鼠。

我能为动物做的
100件事

动物种类	妊娠期
金仓鼠	16天
老鼠	21~23天
兔子	30~32天
猫	58~63天
狗	63天
豚鼠	63~70天

52 宠物不是小朋友

你很喜欢你的宠物,所以喜欢整天和它们待在一起,这很好!但别忘了要时不时地满足它们的需要才行,毕竟它们不是小孩子。你不能用漂亮的衣服去吸引它们的注意力,对动物们来说,这些也就是平常玩意儿,甚至还是个负担。

动物不喜欢化妆出风头。 或许你在电视里经常看到有些明星把狗狗装在手提袋里出门,这是因为他们觉得这样看起来会很酷。但我们不该把这种行为当成榜样去模仿!

你就让你的宠物保持它们本来的样子,就当它们只是一条普通的狗或者猫,了解一下它们在野外是什么样子的,那你就能很快明白它们希望在家里得到什么样的对待了。**试想一下,你在野外看到过兔子戴蝴蝶结吗?** 或者你看到过一匹狼穿外套吗?

当然不可能,因为这和野生动物的形象根本不匹配。

我能为动物做的 100 件事

世界上最小的狗是吉娃娃。

吉娃娃来自墨西哥,体重一般只有 500 克,最重的也不过 3 千克。吉娃娃可以装在手提包里,但它更喜欢自己在地上奔跑。

凯问他的朋友伯纳德:"你能告诉我,为什么你要养一只猫头鹰、一只虎皮鹦鹉和一条狗当宠物吗?"伯纳德回答:"为了防止有人入室盗窃:猫头鹰看到小偷进来,会把鹦鹉吵醒,然后鹦鹉就会叫醒狗狗,狗狗就会大声叫了。"

我能为动物做的100件事

玛格特带着她的猫一起去看电影。影片开始没多久，这只猫就开始放声大笑。人们很快就注意到，它每次都笑得恰到好处。有一个观众很好奇地说："这只猫可真有意思。"玛格特回答说："那当然了，我家的猫咪一点都不喜欢这部电影的原著。"

奥迪利亚和她的女闺蜜克拉拉一起喝咖啡闲聊，聊着聊着就聊到了吉尔达一家。克拉拉问："奥迪利亚，吉尔达家的事情你是怎么了解得这么清楚的？"奥迪利亚回答说："很简单啊，他们家一个月前去度假的时候，正好是我替他们照顾鹦鹉的。"

两个好朋友多年之后再次相遇，其中一个正牵着狗在散步，另外一个就问他："这条狗真可爱！你的狗咬人吗？"狗主人马上回答："当然不咬人！"于是问的那人就去抚摸狗狗，结果立即被咬了一口。他马上对狗主人抱怨："嘿！你不是说你的狗不咬人吗！？"他的朋友反驳他："是啊，但是这条狗不是我的……"

53 公路上的动物们

和人类一样，动物们也经常会横穿马路。不过人在过马路的时候知道要左右观察有没有车开过，动物则不同，它们通常只能看到一边。**这是很危险的，不但对动物来说是这样，对汽车司机来说也是一样！**

你和父母一起坐在小汽车里吗？那你记得跟你的父母说一声，在公路上或者森林中的林荫道上开车的时候尽量开得慢一点。如果这条路上经常有野兽出没或者经常有蟾蜍在搬家，那一般旁边都会有一块提示牌，你们开车的时候就更要小心了。即使是在城市里，也会有像小猫和小刺猬这样的小动物突然出现在车子前面。所以，你要提醒你的父母在开车的时候不要分心，要专心致志地开车！

我能为动物做的
100件事

如果你的车真的撞到了野生动物，那你要马上通知森林管理员或者警察。不要用自己的车辆运输野生动物，这样很容易被人误会是偷猎，如果被抓住是要受处罚的。假如你撞到的是小猫或者其他宠物，你可以先检查一下它们身上的项圈，看看上面有没有信息告诉你它的主人是谁。在你抱起公路上的动物时，一定要带上橡胶手套或者用塑料袋把它装起来。如果交通非常拥挤的话，那就更危险了，必须尽快通知高速公路管理处。

 **为什么要马上杀死它们？**

很多人都很讨厌屋子里的昆虫和蜘蛛，但是其实你真的不需要马上就抄起苍蝇拍或者卷起一本杂志拍死它们。你完全可以把它们困住，然后赶到屋子外面去。**下面是针对几种不同的小虫子的处理方法：**

蜘蛛

如果你能克服对蜘蛛的恐惧感，它们就能很容易被抓到。你可以把果酱瓶翻过来，慢慢地移到它们身边，再扣住它们。扣的时候注意不要压住它们。套住它们之后，你再把瓶子翻过来，这样蜘蛛就可以坐着这辆果酱瓶出租车到屋子外面去了。

我能为动物做的
100件事

苍蝇

对付苍蝇可以用下面这个方法：把刚才那个果酱瓶翻过来，慢慢靠近苍蝇。手里拿一张纸片，把苍蝇往果酱瓶的方向赶，等到苍蝇飞到果酱瓶周围的时候把它扣住。

甲虫和黄蜂

有时候，很多昆虫出现在你家里只是因为它们迷路了。它们其实很想出去，它们不停地撞你家的玻璃窗，发出很大的噪声。这种时候你只需要打开窗让它们飞出去就行了。当然，在对付黄蜂的时候，你要小心被它蜇到。

蚊子

嗯，就算你把蚊子抓起来然后丢出去，它们还是会再飞回到你家里来的，再来吸你的血。所以，你要杀死蚊子的话，它们绝对是死有余辜的。

55 建一个完美的鸟巢

只需要几块木板、几颗螺丝,你就能给小鸟建一个完美的鸟巢,然后把它挂在花园里就行了。所谓的鸟巢,其实就是一个简单的箱子,留下一个开口,让小鸟可以钻进去。小鸟们知道该怎么使用这个鸟巢。

在搭建鸟巢的时候你要注意下列几个问题:

- 不要用黏合板,要用2厘米左右厚度的厚木板。你可以找一个成年人帮你。

- 组装木板的时候不要用钉子,要用螺丝。这样不但比用钉子坚固,而且也方便以后把鸟巢拆开来清理。

我能为动物做的
100件事

- 在鸟巢的底部钻几个直径大约半厘米的孔，这样能保持鸟巢里的通风和干燥。这个步骤你也可以找大人帮忙。

- 鸟巢内部大小至少要有12厘米×12厘米，高度应该在大约25厘米。

- 在鸟巢的一侧开一个给小鸟飞进去的洞，这个洞要朝着东南方，还要注意不能让小鸟的天敌有机可乘。洞的大小跟你想让什么鸟住进去有关。比如你想让山雀住进鸟巢的话，那就要留一个直径3厘米大小的洞。

你没兴趣动手做这些事情？ 那么也可以去花鸟市场买一个，在那里你可以买到适合各种鸟类的鸟巢。

56 在家里养些有异国风情的宠物怎么样?

很多人现在不满足于拿小猫、小狗当宠物了,而是把蛇、捕鸟蛛、鬣蜥这些有异国情调的动物当宠物。不过建议你们还是别这么干!

因为来自其他国家的动物是很难当成宠物饲养的。在一开始的兴奋期过后,饲养这些动物的主人就会觉得这是一个负担,然后这些动物就很有可能被丢掉或者送到遗弃动物收养所。而这些小动物在我们国家的四季交替过程中也不会有像住在家里的感觉,它们更喜欢待在热带地区,或在雨林里享受阳光。

所以,在你决定饲养它们之前,真的有必要好好想想,你是想要把它们关在家里呢,还是更希望它们能自由自在地享受生活呢?

我能为动物做的 100 件事

你也可以站在它们的角度好好想想，它们真的想要变成你的宠物吗？**假如，你真的确定要饲养它们，那么你就要保证可以提供给它们幸福的生活。**

小劳拉跑到宠物商店里说："我要5只老鼠，谢谢！"售货员回答说："很高兴为你服务！你要白色的还是黑色的？"劳拉无所谓地说："我想我的蛇不会在乎是什么颜色的。"

57 马的行为

你很喜欢马吗? 那你就有必要了解马的各种动作有什么具体的含义。**如果你能正确理解它们的动作,那你就能更好地照顾它们了。**

兴奋

兴奋时,马的眼睛会张得很大,耳朵会向前倾,尾巴会向上抬起。有些马在兴奋的时候还会尿尿。

我能为动物做的 100件事

打瞌睡

马的眼睛半睁半开、嘴唇合起来、耳朵往下倾斜的时候，没错了，这匹马肯定是太累了在打瞌睡！

威胁

如果马很害怕某样东西，它就会张开耳朵往屁股的方向竖起，这个动作的意思就是：我要用后蹄踹你了！

害怕

目光不安，耳朵微微地向后竖起——如果一匹马做出这个动作，说明它很害怕。这个时候你就得用温柔的声音好好安慰它。

费洛蒙反应

费洛蒙反应看起来非常滑稽。马张开嘴巴，上嘴唇和牙齿分开。当马儿闻到很好闻的味道时，它们就会有这种反应。

你知道吗?

斑马和驴杂交生出的后代叫斑驴,而斑马和马的杂交后代叫杂交斑马。

由母马和公驴杂交生出来的叫马骡。

马骡

驴骡是由公马和母驴杂交生出来的。

驴

 花园里刺猬的避风港

之前你已经给刺猬搭过小窝了,那么现在你只需要花一点工夫就可以再给它们造一个避风港了。除了给刺猬用,这个地方也可以拿来给小鸟、壁虎或者老鼠当避难所。

具体制作步骤如下:

1. 收集树枝、木头、落叶以及一些破旧布料。你可以找你的朋友帮你!

2. 把这些东西有层次地堆起来,堆成大概1米宽、1米高的一堆。堆放的位置要选在花园的角落里,最好是在灌木和树丛中间。

3. 如果你喜欢的话,你也可以在这堆东西周围放一点攀缘植物,比如啤酒花,又或者铁线莲。

我能为动物做的
100件事

现在你就静静地等着吧：是不是没过多久就有刺猬或者其他动物进去了？很开心吧！**提示：**你可以时不时轻手轻脚地过去看看，看看那些小动物们在里面做什么。

如果一只刺猬和一条蚯蚓缠在一起，会变成什么？

答案：一根长刺的铁丝。

59 在旅途中保护动物

你和父母们正在国外度假？那正好！
你在旅途中也可以为动物们做点什么。

比如：

- 你想骑骆驼、大象或者其他异国情调的动物？没问题！**不过在那之前你要确定，你要骑的动物们是不是也乐于被你骑。**很可惜大部分时候这个答案都是否定的。

- 有人希望你帮他和小猴子、蛇或者其他动物拍张照？**最好不要帮他！**动物们又不是免费合影的模特。

- 有一场小熊跳舞的演出马上要开始了？**走开不要看！**因为熊其实是一种很骄傲的动物，事实上它们之所以愿意表演只是为了吃饱肚子。

我能为动物做的
100件事

- 买点象牙做的纪念品,或者买些其他用动物身体的某些部分做成的纪念品?**无论如何都不要!**如果看到这种纪念品在出售,你最好打电话通知当地的警察。

- 不管是斗牛、斗狗还是斗鸡,**都是可耻的运动!**如果这样的比赛在你们度假的地方是被允许的,那你就要找你的父母商量一下下次还要不要继续来这里度假了。

60 努力克服蜘蛛恐惧症

你很害怕蜘蛛吗? 放心,你不是唯一的一个,因为很多人都有这种恐惧症。不过现在是时候克服它了!

这里有一些建议可以帮助你克服这种恐惧感:

- 去图书馆借一本关于蜘蛛的书,了解一些关于这种有趣小动物的知识。

- 观察你房间里的蜘蛛和大自然里的蜘蛛,一开始的时候保持一定距离,然后逐渐靠近它们。这样,几个月之后你就不会害怕触摸蜘蛛了。

- 如果你觉得真蜘蛛实在太过毛骨悚然,那你可以先拿一个毛绒蜘蛛或者一只塑料蜘蛛玩起来。

我能为动物做的
100件事

- 给正在你房间里织网或者在窗户外面织网的蜘蛛取个名字,如果你喜欢的话,你也可以偶尔对着它说说心事。

- **有一点你要明白:** 其实比起你对蜘蛛的恐惧,蜘蛛更怕你。你是那么巨大,动动手就能拍死它,而它却根本伤害不了你。

一只苍蝇粘在了蜘蛛的网上。蜘蛛朝苍蝇喊:"你等着,我明天再来收拾你!"苍蝇大声回答它:"你在逗我吗?我买的可是当天的机票!"

61 帮大黄蜂筑巢

大黄蜂是益虫，是一种野生蜜蜂。但是很可惜，很多种类的大黄蜂现在都在逐渐灭绝。 如果你在春天可以帮这些小动物们造一个美丽的小窝，会对它们很有帮助！你所需要的材料只是一个用陶做成的花盆（花盆的表面直径至少要有20厘米），还有一把铲子。

然后，你可以在花园里找一个隐蔽的地方给它们搭一个小窝，比如搭在灌木丛中间。你先用铲子挖一个洞，这个洞是待会儿要放花盆用的。

接着，先把干草和青苔塞进洞里，大约塞到一半的时候停下来，把花盆倒扣上去，然后用土把花盆埋起来，但要把花盆底部的那个透气孔露出来。

我能为动物做的
100件事

最后还要给这个巢安一个屋顶。你可以找两块比较平坦的大石头,把它们相对地叠在一起,不要堵住大黄蜂们进去的路。

过一周你再去观察一下发生了什么。如果运气好的话,可能有一只女蜂王搬进去,那里面应该很快就能形成一个黄蜂的小社会了。

62 自制香波

如果想要没有在动物身上试验过的洗发香波也很简单，自己制作就行了。自制的香波虽然不会有气泡，但是使用效果和你从超市里买来的香波是一样好的。

你需要的材料有：
- 50克肥皂草，你可以在药店或者药品市场买到
- 0.25升水

我能为动物做的100件事

先把水倒进锅里,水要正好盛满锅的一半。然后把肥皂草放进去慢慢地煮沸,注意这个过程中可能会不停地冒泡泡!这个过程你可以找一个成年人帮忙。等到液体差不多蒸发掉一半的时候,这个香波也差不多制作完成了。这时候你只要等它冷却下来就可以用了。用过香波后,你只要用温水慢慢地冲洗头发就行了。既能给你的头发找到一款很棒的洗发香波,又能为动物们做点事情,你一定会感到很开心的。

农场主乔纳森雇了一个放羊的人。这个放羊的人总是在剃羊毛的时候跟羊聊天,这让乔纳森感到很诧异,于是问他:"你为什么要跟羊说那么多话?"放羊的人回答他:"啊,您知道的,我以前是个理发师啊。"

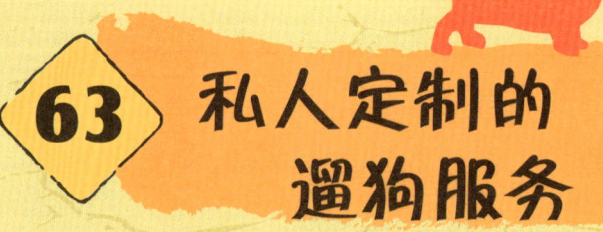

63 私人定制的遛狗服务

你很善于和狗狗相处吗？ 那么你或许可以和别人家的狗一起散步，不过你首先要确定狗狗是真的很温顺。如果可以的话，最好找一个成年人或者你的朋友一起遛狗。

你的奶奶已经老得不能走路了是吗？ 那你就要经常带她的狗出去遛遛才行，因为狗狗们喜欢散步，你也要注意不能整天把它们关在家里。

如果你的邻居年纪很大或者生病了，可能也就没有时间陪狗狗长时间散步了，那你就要准备帮他们遛狗了。如果你运气好的话，说不定还能拿到一些小费呢。

我能为动物做的100件事

两只狗在公园里聊天，其中一只说："你看，那边又新种了一棵树。"另外一只说："那我们去给那棵新树浇浇水吧！"

两只狗在公园里散步，其中一只说："我尿急啊！希望待会儿能找到个有灯光的地方！"

两只狗相遇，一只狗先说："我是贵族，人们都叫我贝洛·冯·施罗斯戴格。"另外一只就回答它说："我也很高贵，人们总是叫我路德·冯·沙发（德语意为"到沙发下面去"）。"

64 为小鸟准备新鲜的水果

前面我们提到过，在冬天小鸟能找到的食物并不多，你知不知道，小鸟其实也很喜欢吃水果呢。其实在冬天，新鲜水果是很受小鸟们欢迎的。你只要把切下来的一小块苹果放在窗台边上或者放在鸟巢里面就够小鸟们享用一整天了。苹果不但能给小鸟提供养分，同时也能给它们提供身体所需要的液体。

如果你很喜欢做木工，那你可以动手做一个专门给小鸟使用的新鲜水果驿站。你可以用防水的胶水把两块木楔粘到一块大木板上。两块木楔一块长，一块短。长的一块是给小鸟立足的，短的一块一头削尖之后，你可以把苹果插进去。最好在大木板的上方再粘上一块木板当屋顶，并且在上面钉上一个绳带，然后把它挂在树上。

小建议： 在苹果上钻几个小洞，这样小鸟会比较容易吃到里面的果肉。

我能为动物做的
100件事

现在你就可以躲起来观察一下这个水果驿站能不能吸引到小鸟了。一开始可能需要花一点时间，但只要小鸟知道了这里有新鲜水果吃，它就会经常来光顾了。如果苹果腐烂了，或者掉下来了，那你要赶紧再插一个新的上去。

65 把遗弃动物管理所里的动物带回家，而不是去买一只"新的"宠物

你想去宠物市场买一只宠物来养？ 在你这么干之前，我建议你先想一想，还有很多动物在遗弃动物管理所里等待一个新的家。除了小猫、小狗，还有兔子、豚鼠和其他各种动物在那里可怜巴巴地等着。所以，你是不是真的有必要买一只"新的"宠物呢？去当地的遗弃动物管理所看看，有没有你喜欢的小动物可以带回家当宠物养！

我能为动物做的
100件事

几乎每个大城市里都有遗弃动物管理所，有些小城市里也有这种机构。就算你不想养宠物，偶尔去那里看看也不错。不过你要等到遗弃动物管理所举行"开放日活动"的时候。

你知道吗，整个欧洲养宠物最多的是比利时人，每100个居民就饲养了67只宠物。与之相比，法国每百人的宠物持有数字是49只，德国是28只。欧洲人最喜欢的宠物是狗和猫。

66 啮齿类动物露天饲养场

兔子、豚鼠和其他啮齿类动物都很喜欢新鲜空气！用木钉固定几块地板，然后加上几块金属网，你就能给它们制造出一个露天的饲养场。

动手的时候你要注意以下几点：

- 给它们搭一些木制的小房子当避难所，防止猫或者其他动物伤害到你的小宠物们。

- 注意，啮齿类动物都需要阳光，所以你要根据太阳的方位调整位置。

- 安排好动物们喝水的问题，你不喜欢口渴的感觉，动物们也是一样。

- 造这个饲养场的时候要注意不能让小动物们钻出去，不然要再把它们抓进去就很费劲了，而且它们如果逃到野外的话也会很危险。

我能为动物做的
100件事

豚鼠比小猪更招人喜欢。

两只兔子在讨论另外一只兔子。其中一只说："小花之前减肥很成功。"另外一只回答："这跟它变得迷信了也有关系。"第一只兔子很好奇："这两件事情会有什么关系？"第二只兔子回答它："是啊，它只吃4片叶子的三叶草才会这么瘦的。"

67 自制美味马粮

要让马儿高兴,喂它吃苹果、胡萝卜、方糖就行了。又或者你想自己做一些美味的特制小点心给它们吃?**那你可以做一道苹果胡萝卜姜饼给它们吃!**

你需要的材料只是:
- 1个苹果
- 2根胡萝卜
- 200克面粉
- 150克燕麦片
- 100克蜂蜜

把苹果削皮、去子后切成小块,再把胡萝卜磨碎(这方面你可以找一个大人帮忙)。然后把这些东西放在一个碗里搅拌。等到面粉和其他东西凝固成一颗颗的球状物时,你把它们放进烤箱,在150摄氏度下烤20分钟。等烤完冷却下来之后,你就可以把这些姜饼给马儿们吃了。

我能为动物做的100件事

一个太太问佣人："勋爵回来了吗？"佣人回答："还没有。不过他应该快回来了，因为他的马还在。"

丽萨在马场旁边看到两块牌子，一块上面写着："不要给马喂食——马场主人。"另外一块上面写着："请不要理会另外那块牌子——马。"

一个障碍马术选手对另一个选手说："我的新赛马是世界上最有礼貌的！"另一个骑师问他："为什么这么说？"第一个骑师回答说："每次我们到了障碍物前面，它就会突然停下来，然后让我先过！"

古斯塔夫对奥托说："我今天捡到四块马蹄铁，你知道这意味着什么吗？"奥托回答说："很明显，这说明有一匹马没穿鞋子在到处跑。"

68 陷入危机的蝌蚪们

你知道蝌蚪吗？ 它们是青蛙和蟾蜍的幼体。抓蝌蚪在德国是违法的，但还是有很多小朋友喜欢这么干。如果你的朋友抓了蝌蚪，你应该要求他至少把那些蝌蚪养大，这也算是一种补救的方法。

要养大蝌蚪，首先你需要准备一个大容器（比如一个大碗），里面要装水，但不要装得太满。每5只蝌蚪需要大约1升的水才能满足它们的活动需要。然后你可以往水里放一块小木条，当蝌蚪们逐渐长出脚的时候，它们就可以爬到上面去了。

放蝌蚪的容器要能经常晒到太阳，但是水温不能超过35摄氏度，所以你要尽量用一些大的透明的容器来避免水温升得过高。容器里的水一周就要换一次。

我能为动物做的
100件事

你可以喂一些金鱼的饲料粉给蝌蚪吃，记得要多撒一点，免得有蝌蚪吃不到。

最重要的是：

当蝌蚪长出四只脚和尾巴时，把它们带到它们当初被抓的那个地方放生。

69 想要一只小动物当圣诞礼物?

圣诞节是一年中最重要的时刻,也许你想要一只宠物已经很长时间了,所以你或许想要一只宠物当圣诞礼物?**最好别这么做。**

当大多数圣诞礼物被收进柜子里的时候,被当成礼物的小动物还有漫长的一生要度过。所以,如果你真的打算要一只小动物当圣诞礼物,那你最好花一个月的时间想想清楚,自己是不是真的要养它。

比起你想要的小宠物,那些被当成礼物送出去,却不被主人喜欢的小动物们才是最可怜的。一个很遗憾的事实就是,每年圣诞节过后,遗弃动物管理所里的动物数量就会大大增加。**对动物们来说这简直是种折磨。**

宠物不是礼物，而是伴侣。

你已经有一只宠物了？那你应该也送它一份圣诞礼物。虽然对动物们来说圣诞节没有什么特殊意义，但是好吃的姜饼和玩具它们还是会喜欢的。

70 耳朵虫（蠼螋）是益虫

你怎么看耳朵虫（蠼螋）？ 我指的当然不是那些萦绕在耳朵边的流行歌曲，而是指一种昆虫。很多小朋友都很怕这种动物，因为流传的民间说法都说这种虫子是住在人们的耳朵里的。这当然是胡说了。

这种虫子之所以会叫耳朵虫，或许是因为古罗马时期的人们把这种虫子磨碎了当药用，用来治疗耳朵里的疾病。对人类来说，这种虫子是完全无害的，也没什么理由要杀了它们。

相反的，耳朵虫是一种益虫，因为它们最喜欢的食物是有害的蚜虫和蜘蛛螨。如果你在一棵树上挂一个塞满稻草的小花盆，这个花盆就很有可能变成耳朵虫之家，同时这棵树也不用担心害虫的威胁了。

我能为动物做的100件事

你知道吗?

耳朵虫虽然属于飞虫科，但只有很少一部分耳朵虫会飞。

耳朵虫对人类是没有威胁的，它的螯是用来抓虫子和剥开翅膀的，根本无法伤到我们耳朵里的鼓膜。

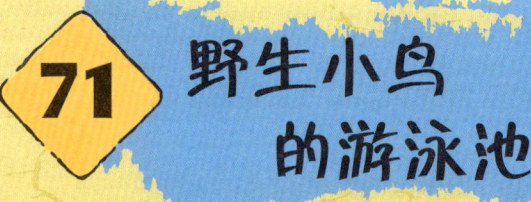

71 野生小鸟的游泳池

你肯定知道水在零度以下会变成什么样,对吧。没错,会变成冰。所以,你可以想象鸟儿们在冬天找水喝有多难了。你可以为它们做点事情。比如,当你在喂它们的时候,也顺便给它们准备一点清水。你可以倒点清水在盘子里,最多不要超过2厘米。记得这个盘子每天要用热水清洗一次。如果天太冷这些水结冰了,那就把冰倒掉,换点清水进去。

没水怎么办?有些鸟儿也会吃雪来缓解口渴。

对很多鸟儿来说,德国的冬天都太冷了,所以它们会迁徙到更温暖的南欧地区或者干脆飞到非洲去。**这种鸟儿我们称之为候鸟,而留在本地的鸟儿我们称之为留鸟。**

我能为动物做的
100件事

我们怎么称呼那些一门心思研究鸟的科学家?
a）犬类学家
b）昆虫学家
c）鸟类学家

答案：c。

与其把鸟儿放在心里，不如在花园里给它们造个鸟巢。

72 救救蚯蚓!

蚯蚓也是一种很有益的动物。它们生活在泥土里，不停地把土壤变成更肥沃的泥土。除此之外，它们还能给植物松土，让植物长得更茁壮。德语中"蚯蚓"的单词又叫"雨虫"，因为当雨下得特别大的时候，这种虫子会爬到地面上喝水。英语里的解释则正好相反，英语称呼蚯蚓为"地虫"。

有时候你也会在沥青地面上看到蚯蚓，那肯定是它迷路了。这时你可以帮帮它，用拇指和食指把它们夹起来，小心翼翼地把它们移到草地或者泥土里去。

有趣的是：加拿大科学家认为，蚯蚓在下雨天爬到地面上不是因为它们想要喝水，而是因为雨点噼里啪啦打到地面上的声音很像鼹鼠挖洞的声音。

我能为动物做的
100件事

当你在公园里挖土的时候，会不小心把蚯蚓弄成两段。通常情况下这样是没关系的，只要头的那部分够长，不久之后那部分就会长成一条新的蚯蚓。

73 在教学楼里保护动物

你的学校在动物保护这方面做得够好吗? 不妨在学校里转一圈检查一下。在学校里你可以做很多事情去保护动物们。

你可以和其他小朋友一起组织一些保护动物的活动,呼吁同学们和父母们更好地保护动物。**不过,不管你们组织什么活动都要事先告诉校长,否则可能会引起不必要的麻烦。**

另外再给你一个好建议:

和你的同学、老师们一起努力在学校里给动物们创造一个更好的生活空间,比如挖一个池塘,或者多种点花和灌木。

我能为动物做的100件事

另外，在学校里找个地方再搭一块黑板怎么样？
在这块黑板上可以记录你们为动物们所做的努力。

在这块黑板上，所有真心喜欢小动物的同学们可以互相交换想法和经验。你会发现，表达对动物的爱也是结交到好朋友的一个办法。

"我们不仅要对我们所做过的事情负责，还要对我们未做的事情负责。"

（莫里哀，1622—1673）

74 逗猫棒有什么用？

对猫来说，逗猫棒是一件很有意思的玩具。 逗猫棒可以训练猫的捕猎能力，也能让猫咪在室内发泄感情。你可以自己动手来制作逗猫棒，所需要的材料除了一根竹签、一根线和一个软木塞外就没有别的什么了。然后你只要把线的一头绑在竹签的最上端，另一头绑住软木塞就行了。

现在游戏可以开始了。

首先，你要用软木塞去逗猫咪，然后猫咪会想要去抓住木塞。当然，你不会让它那么容易就抓住的啦，所以你在它快要抓住的时候要突然把软木塞拉开。你的猫咪一定会爱上这个游戏的。如果你家里找不到软木塞，你也可以找一个毛绒玩具代替，或者干脆用线绑上一块好吃的姜饼去逗小猫咪。

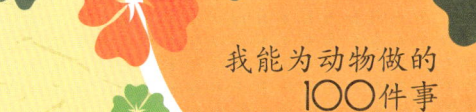

我能为动物做的
100件事

注意： 在玩这个游戏的时候你要时刻注意不要让线把猫咪的脖子或者四肢缠住，否则是很危险的。游戏结束之后记得把逗猫棒放到一个安全的地方，不要让猫咪找到。

"当我和我的猫咪玩耍的时候，我从来都分不清，到底是我在逗它，还是它在逗我。"

（米歇尔·德·蒙田，1533—1592）

75 车里的宠物

你家的狗狗有时候也会坐在你家的车里吗? 很多狗狗都很喜欢坐车,不过那要在它们适应坐车的感觉之后。一开始的时候你可以载着它开比较短的一段距离,目的地最好选择一个美丽的地方,比如公园或者宠物狗乐园之类的地方。

另外还有几个比较重要的建议:

- 狗狗坐车时,和人一样要做好保护措施,要么给它一条狗狗专用的安全带,要么把它放在运输用的箱子里,这种箱子可以让狗狗坐车的时候坐在里面。

- 如果汽车要开好几个钟头,要中途安排一点时间让狗狗下去活动一下。说不定狗狗也想尿尿呢。

我能为动物做的
100件事

- 有时候狗狗需要待在汽车里等，这时如果太阳很大的话，你要把车停在阴凉的地方。然后要把窗子摇一点下来，这样狗狗可以呼吸到新鲜空气。另外，你要在狗狗的旁边放一碗水给它喝。

你在停车场里看到一辆停在路边被太阳暴晒的汽车里有一只狗狗？那你可以记下车牌号，然后通知正在超市里或者学校里的车主，让他把车停到阴凉的地方去。

76 自己制作潜望镜

你很想看看湖底下的世界是什么样的? 这样你就能看到水里的动物在做什么,也许还能看到水里一些对动物有害的垃圾。要做到这些,你需要一根大约30厘米长的厚塑料管(比如排水管)来做一个潜望镜。

1. 撕一张保鲜膜,保鲜膜的大小要比塑料管的开口大一点。

2. 用保鲜膜覆盖住塑料管的一头,然后用防水的胶水把多出来的部分粘在管子上,你也可以用橡皮筋把保鲜膜固定住。总之,别让水灌到管子里去就行。

3. 然后把包了保鲜膜的那头伸到水里,从另外一头往里看,你就会发现你可以清楚地看到水下的世界了!

我能为动物做的
100件事

小建议：
　　如果你有兴趣，可以用一点锡箔纸把自制潜望镜包起来，然后在上面画上波浪、鱼或者其他你喜欢的图案。

东弗里斯兰的钓鱼人是怎么杀死鱼的？

答案：摔死它们。

77 观察昆虫很有趣

如果你想找一件有意思的事情做,那你可以试试了解一点昆虫学。昆虫学是一门专门研究昆虫的科学。

昆虫在地球上已经生活了至少 40 亿年,现在地球上有几百万种昆虫,先来了解几种吧!昆虫一点也不恶心,而是一种有趣的生物!它们很值得你去仔细观察。

我能为动物做的100件事

作为一个"年轻的昆虫学家",你首先需要的是一个放大镜。如果有一台数码相机当然就更好了,你可以用它来拍摄一些特写画面。不过没有也没关系。不要把昆虫弄死,大自然里有足够多的昆虫尸体可以给你观察。你也不需要拿杯子或者小的袋子把昆虫装起来仔细观察。观察活的昆虫时你要注意保持一点距离,这样才不会吓跑虫子。**你真正需要的是**能告诉你这是哪种昆虫的专业书刊。这类书你可以在图书馆里找到很多!

昆虫学是一门很古老的学问。古希腊时期的学者和哲学家亚里士多德(前384—前322)就写过一篇关于昆虫学的文章。

78 正确饲养你的兔子

兔子很可爱，对不对？ 但是它们其实很难养。首先你要知道，兔子是不喜欢独居的，即便是在野外，它们也是群居的，如果只有一只兔子，它会觉得很不开心。

接下来就是活动空间的问题： 兔子需要的活动空间很大。养它们需要一只很大的笼子，一只兔子需要至少2平方米的空间或者一间小房子！另外，它们每天都需要去外面活动几个小时。所以，到底是在家里饲养还是在室外饲养兔子，你可要考虑好。

另外，兔子不但需要经常抚摸，还需要细心照顾：除了每周清理一次大小便之外，它们的毛也需要定期梳理。最后，你还不能忘了经常带它去看宠物牙医。

我能为动物做的
100件事

所以,在你决定养兔子之前就要考虑清楚,你是不是真的可以满足上述这些要求。

兔子和家兔的概念有区别吗?有。兔子是一个大范围的概念,也就是说,家兔也是一种兔子。而除了家兔之外还有很多其他兔子。

小兔子来到面包店问面包师傅："有1000个小面包吗？"面包师傅说："没有，我没准备那么多小面包。"于是小兔子走了。第二天它又来了，又问了一遍："有1000个小面包吗？"面包师傅的答案还是一样："不，没有那么多。"同样的情况持续了一周。到第七天的时候面包师傅想："看来我要烤1000个小面包，不然兔子不会满意的。"第二天早上兔子又来了，又问："有1000个小面包吗？"面包师傅很自豪地回答："有！"于是小兔子说："那我要其中的一个。"

小兔子打电话给屠夫："你有猪耳朵吗？"屠夫回答："有。"兔子又问："你有鸡胸吗？"屠夫又回答："有。"兔子继续问："那你有牛脑袋吗？"屠夫再次回答："有。"然后兔子说："那你长得可真奇怪啊。"

我能为动物做的100件事

小兔子又打电话给屠夫,这次它问:"你有猪肘子(德语发音与"冰冷的双腿"一样)吗?"屠夫说:"有。"于是兔子说:"那你得穿一双暖和的长筒袜才行。"

小兔子来到面包店问:"你这里有小胡萝卜吗?"面包师傅说:"有,小兔子。"小兔子听到之后说:"师傅,这可不好笑。"

79 当你看到一只雏鸟时

作为动物之友,如果你在路上看到有动物处于危险之中,你当然要立即伸出援手啦。现在我们在马路上经常能看到掉到地上的小鸟,它们本来不应该待在那里的。

这些小鸟是不是还没长出足够多的羽毛? 那说明它们还是雏鸟,可能是从窝里掉下来的。你可以找找看周围有没有鸟巢,如果有就把它们放回鸟巢里。如果你在它们身上闻到臭臭的味道,别在意,雏鸟身上的气味本来就不好闻。

我能为动物做的100件事

哪种鸟不下蛋?

答案：东方智者每人一句。

如果这只雏鸟已经长出了足够多的羽毛，那它应该是那种喜欢站在枝头的小鸟。遇到这种小鸟你要多花点时间在旁边观察，很有可能它只是第一次试飞失败，飞不回自己的家了。它的父母会在地面给它喂食，也就是说这种雏鸟是不需要帮助的。

如果你把一只这种雏鸟带回了家，那最好在一天之内把它送回原来的地方，不然它的父母就找不到它了！

80 让你的脸部皮肤时刻保持最佳状态

要想让你的脸部皮肤保持最佳状态，不需要借助那些使用动物做实验的化妆品，只需要一张黄瓜面膜就够了。**制作黄瓜面膜，你需要的原料只有：** 1根黄瓜和2茶匙的低脂乳酪。首先，你要把一部分黄瓜磨碎，大概需要相当于6勺左右的量（这个步骤你可以找一个大人帮你）。把这些黄瓜碎末和乳酪混在一起搅拌，之后马上把它们抹到脸上和脖子上。抹的时候你最好躺下让其他人帮你抹，并且在头下面放一块毛巾，以防黄瓜乳酪滴下去。15分钟后你可以把面膜洗掉，这时你的脸摸起来就会有一种焕然一新的感觉！

我能为动物做的100件事

如果你现在正饱受黑头和青春痘的困扰，那你可以试试西红柿蜂蜜面膜，制作方法如下：把两个剥了皮的西红柿放到一个碗里压扁（剥皮的工作可以找大人帮忙），然后滴一勺天然蜂蜜进去搅拌就可以了。这种面膜也要敷在脸和脖子上大约15分钟，然后才能冲洗掉。

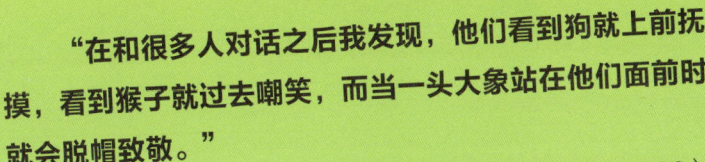

"在和很多人对话之后我发现，他们看到狗就上前抚摸，看到猴子就过去嘲笑，而当一头大象站在他们面前时就会脱帽致敬。"

（马克西姆·高尔基，1868—1936）

81 还动物们一个更干净的空间

试想一下,你会喜欢住在一个堆满了别人丢掉不要的垃圾的房间里吗?你肯定不愿意,对吗?而现在,在大自然里发生的事情和上述情况很相似——很多人不是把垃圾丢到垃圾桶里,而是把垃圾丢在森林里或者草坪上(那里是很多动物的家)。这不但污染了环境,还威胁到了很多动物的生命安全,比如它们可能不小心把塑料袋吃了下去,也可能因此它们没有干净的空气可以呼吸了。每年都有几百万只动物因为随意乱丢在野外的垃圾而失去了生命。

作为一个学生,你可以做的是:随身携带几个袋子去上学,如果路上看到随处乱丢的垃圾就把它们捡起来装进去,然后将袋子扔进垃圾桶。

我能为动物做的 100 件事

有待改善： 每年每个德国人平均要制造出 450 千克的垃圾。

你自己当然更不能随处乱丢垃圾了！你可以做到的还有： 捡起附近其他人丢的垃圾，比如你家附近花坛里的垃圾。你可以选择一小块区域作为自己的包干区域，只要你看到有人在这块地方乱丢垃圾，你就可以过去阻止他，并且要求他以后不要再这么做。

82 为什么白鹳那么稀少？

白鹳是一种很美丽的鸟，但很可惜的是，我们能看到它们的机会越来越少了。原因是，适合它们的生活环境——天然绿草地——变得越来越少了。当这种候鸟在冬天踏上去南方的旅程时，还有很多东西一路上会威胁到它们的生命，比如很多白鹳在迁徙过程中被电死了。

你很难直接帮助白鹳，所以你可以先从请求你的父母多购买绿色产品开始，因为购买绿色产品的人越多，生态平衡问题就会越受到重视，这样一来白鹳和其他动物的生存空间也就能被保存下来了。

我能为动物做的100件事

白鹳之国——波兰：

在波兰生活着 5000 对白鹳，这个数字相当于德国白鹳数量的 10 倍多，也占到了世界所有白鹳总数的 1/4。

除了白鹳之外，世界上还有很多其他种类的鹳，比如生活在非洲的秃鹳。大多数的鹳都喜欢吃鱼和青蛙。

83 说服你的父母加入到保护动物的队伍中来

如果在你的城市里将要举行反对修建飞机跑道、反对修建新马路或者要求保护动物的游行，**那么毫无疑问，你应该加入到要求保护动物的游行队伍当中去**。如果你的父母要陪你一起去，你也不要反对。相反的，你应该说服你的父母也主动加入到直接或者间接保护动物的队伍中来。在游行过程中，你可以大声地喊口号和吹口哨，另外你还可以自己绘制一些标语牌，把你的想法写在或者画在上面，然后在游行的时候带过去举起来。在游行的时候有时候会发生一些突发事件，如果真的发生意外，那你跟你的父母要马上回家。

我能为动物做的100件事

你住的地方没有关于保护动物的游行举行？那你可以和父母或者和同学们一起组织一个！

"游行"这个词源自拉丁语"demontrare"，这个词在德语里的意思是"展示给别人看"。因为在游行示威的时候，人们总是想要把自己的想法和想要证明的东西展示给别人看。

84 经常去遗弃动物管理所看看

不管你想不想养宠物，你都可以时不时地去遗弃动物管理所看看，去了解一下那里面的动物们的生活状况。

选择一个**开放日**去参观当然是最好的，不过平时有空的时候你也可以去当地的管理所看看。**经常去那里对你来说有几个好处：**

- 你可以确定动物们在那里是不是得到了妥善的照顾，如果你发现有什么地方有问题，你可以马上把情况告诉动物饲养员。
- 你可以认识那些在管理所里工作的工作人员，他们是真正的动物之友。你既可以向他们提问，也可以和他们交流关于动物的心得。
- 你还可以陪那些看起来很孤独的小动物玩。
- 你在那里可以找到一些关于动物保护的制作精美、内容有趣的海报和传单。

我能为动物做的
100件事

欧洲最大的遗弃动物管理所位于德国柏林的李希滕伯格行政区。这里为动物们建造了一个面积大约 16 公顷的"小城市",相当于 30 个足球场那么大。每天有 100 名工作人员负责照料住在这里的 1000 多种动物。

85 学习狗狗的语言

不管面对的是自己的狗狗，还是在马路上遇到的流浪狗，如果能理解它们想表达的意思，就能更好地帮助它们。狗狗觉得不高兴的时候，嘴巴里会发出咕噜咕噜的声音；而当它们大声吠或者发出类似哭泣声的时候，就说明它们想要引起你的注意。**不过更多的时候，狗狗是通过身体语言来表达它们的想法的。**

小心，我很危险！

当狗狗的皮毛竖起来、头往下探、露出牙齿的时候，就说明它要准备攻击了，这时你要特别小心。

我能为动物做的100件事

我想要玩耍!

当狗狗摇着尾巴向你跑过来,边吠边把上半身低下去时,就说明狗狗想要玩耍了。这时候你可以扔一根棍子或者一个皮球给它,让它玩得尽兴。

我害怕!

当狗狗缩成一团,蜷缩着避开你的目光时,说明它很害怕。这时候你可以用温柔的语言安慰它,让它对你放下戒心。

我在这儿!

　　一只狗狗在树或者电线杆下撒了几滴尿?别担心,它没生病。尿和粪便对狗狗来说就是划定势力范围的标记。其他的狗狗能从尿和粪便的气味中判断出这里有没有主人。狗的嗅觉比人类要灵敏100万倍,对它们来说辨别尿的气味就跟我们看一张报纸一样容易。

我能为动物做的
100件事

伸出你的爪子

你想训练你的狗狗？那你首先要让它坐下。然后手上拿块好吃的姜饼，但要先握在拳头里，再把握紧的拳头从狗狗的鼻子前面划过。一旦它想用爪子去抓你的拳头，你就跟它说"爪子"，然后给它吃一点姜饼做奖励。反复做这样的练习，时间长了狗狗听到这句话就会条件反射似的举起爪子了。

86 你的宠物能活多久？

每一种动物都会死，对宠物来说也是一样。 你的宠物能活多久，这谁都没法预料，但每一种动物都有一个大概的寿命。所以，如果你要养一只宠物，一定要**记得考虑一下**它的寿命。

假设你在 10 年后中学毕业，到那个时候你还能照顾你的宠物吗？也许你 18 岁的时候要出国了，那你肯定不能把宠物一起带去。另外，你还要考虑到，那个时候你可能已经有男朋友或者女朋友了，大部分时间你会和他（她）待在一起，这个时候你可能就没心思再去管你的宠物了。

我能为动物做的
100件事

　　如果一只宠物只属于你一个人，那你就是决定它寿命长短的最主要因素。而当一只宠物属于你们一家人时（比如猫咪和狗狗），它们的预期寿命相应也会更长一些。那些非常长寿的动物，比如鹦鹉和海龟，如果作为宠物的话，我劝你最好还是别养了。最后，如果你要养宠物，一定要陪伴它一生。

　　比人类长寿的动物： 巨龟阿德维塔 1750 年出生，到 2006 年时它已经有 256 岁了。其他小型海龟的寿命就相对要短得多了。

87 宠物的生老病死

对你的宠物好一点，不只是在它高兴的时候、你和它玩耍的时候，还要在它不舒服的时候对它好一点。如果你注意到宠物有什么不对劲，要立即带它去看宠物医生，因为它很可能是生病了或者受伤了。

大部分宠物的疾病都是能治好的。

但也有一些宠物的疾病是治不好的。如果真的不幸遇到这种情况，那你可以建议在合适的时候让宠物安详地睡过去。真到了那个时候，你千万不要因为自私而有任何的犹豫，这样宠物才能没有痛苦地离开这个世界。在宠物去世前的最后一个礼拜，你要多花点时间照顾它。

我能为动物做的 100件事

饲养的宠物死了,这毫无疑问是很悲伤的一件事情。你可以选择一个漂亮的地方来埋葬它们,比如花园里的灌木丛下。你可以在埋的地方放一块石头作为对它们的纪念。

什么东西是绿色的,还会在田野里跳跃?

答案:一只跳来跳去的青蛙。

什么东西是黑白色的,还会在冰上跳跃?

答案:一只跳来跳去的企鹅。

88 让蜜蜂们再次忙碌起来

世界上有 4/5 的植物都离不开蜜蜂，因为它们要通过蜜蜂授粉才能继续繁殖。但是蜜蜂的数量正在变得越来越少。你想帮帮它们吗？

那么你可以：

- 只买本地生产的蜂蜜，不要贪图便宜买其他国家生产的合成蜂蜜。

- 多买那些不用杀虫剂和除草剂的有机蔬菜。

- 建议你的父母不要在自家花园里使用除草剂和杀虫剂。就算不用这些，玫瑰花和其他花花草草也能茁壮生长。

- 拿一个种花的花箱放在窗台上给蜜蜂用，里面可以装一点像薰衣草、罗勒、香葱和蜜蜂草之类的植物。

- 蜜蜂也要喝水，你可以拿一个瓶盖，在里面装一点清水，同样放在窗台上给蜜蜂喝。

我能为动物做的
100件事

蜜蜂的语言： 蜜蜂们是通过晃动身体来和同类交流的，这种振动还能告诉同类食物的位置和距离。这个特点是奥地利人卡尔·冯·弗里西研究后发现的，他也因为这个研究成果获得了诺贝尔奖。

89 你想学骑马吗?

骑马是一项很有意思的娱乐活动,但是首先你要找一家正规的马术学校。你觉得现在的马术老师太凶,你在上课的时候感觉很不爽?那你就应该换一家马术学校。但最关键的是马儿的状态是不是正常。

你可以从下面几个方面来测试:

- 马厩是不是够大?光线是不是充足?空气流通情况好不好?
- 马儿是不是每天都能在没有缰绳的状态下活动几个小时?
- 马儿的活动量够不够?
- 是不是每天都有人定时清理马厩里的垃圾?
- 马儿是不是受到妥善的喂养和照顾?
- 在上马术课的时候马儿是不是也会受到良好的照顾?
- 那些已经不能再用来上马术课的老马们是不是也受到了妥善的照顾?

我能为动物做的
100件事

只有当上面这些问题的答案都是"是"的时候,你才能确认马儿在这里确实过得不错。那你就可以安心地在这家马术学校学习了。

舒伯特先生对一个熟人说:"我的太太已经120公斤了,现在她去上马术课减肥了。"熟人很好奇地问:"有效吗?她真的瘦了?"

舒伯特先生回答:"她没瘦,不过马瘦了。"

90 建一个漂亮的鸟窝

你想给冬天里觅食的**野生小鸟**们建一个漂亮的家?**那你只需要拿一个正方形的牛奶盒稍加改动就可以了。不过:**

1. 你一定要把牛奶盒洗干净,并且晾干。如果你喜欢的话,也可以在牛奶盒上涂上各种颜色。

2. 在牛奶盒的一侧剪一个口子,这就是这个小窝的门。口子的大小要让鸟儿能舒服地衔着种子飞进去,然后把种子铺在牛奶盒的里面。你可以在牛奶盒的另一侧也开一个同样大小的口子,这样可以同时让两只小鸟飞进去用餐。

3. 在这个开口的下面插一个细木棒进去,再从另一边穿出来。这根木棒可以让小鸟站在上面。

我能为动物做的
100件事

4. 现在，这个家已经基本完成了！最后在盒子最上面的中心位置钻一个小洞，拿一根坚固的线或者铁丝穿进去，这样你就可以把鸟窝挂在阳台上或者花园里了。你只需要把饲料撒进去，之后就可以等着小鸟们进去享用美食了。

小建议： 要让这个小窝看起来更漂亮，你可以用橡皮海绵做一个屋顶粘在小窝的最上面。

91 不要虐待小动物!

很可惜，目前在全世界还有很多小动物受到虐待。如果你看到有这样的事情在你身边发生，那你可以想想能不能做点什么来制止他们。你可以在这本书里找到不少这方面的建议。

如果你感到自己对此无能为力，那你就告诉大人们（亲戚也行，老师也行），告诉他们是什么让你感到心情沉重。其实很多大人可能已经对此见怪不怪了，但是你可以督促他们重新思考这个问题。

你还可以做些更实际的事情，哪怕虐待动物的事情是发生在非洲，你也一样可以做点事情去阻止他们。因为现在有很多跨国的国际组织，比如**动物保护组织、绿色和平组织**和**世界自然基金会**都在全世界各个国家建立了分支机构。**所以你千万不要丧失信心！**

一个男人带着一条大狗去看医生。他抱怨说:"我的狗总是喜欢去追汽车。有什么办法能阻止它?"医生说:"这其实很正常,很多狗狗都喜欢跟在汽车后面跑。"男人反驳说:"这倒是,可是我的狗会把那些车叼回来,然后埋在花园里。"

扑通!一只奶牛拉了一坨屎到一堆蚂蚁当中。蚂蚁骂它:"喂!你溅到我的眼睛了!"

两只萤火虫相遇了,其中一只问另一只:"你要去哪?"另一只回答:"去验光。我要配眼镜。昨天我一不小心和一只手电筒接吻了!"

我能为动物做的100件事

三只老鼠被一只猫追,就在猫要抓住它们的一刹那,其中一只老鼠突然转身对猫叫:"汪!汪!"猫一下子被吓跑了。这只老鼠满意地转身对其他两只老鼠说:"现在你们知道掌握一门外语有多重要了吧。"

两只猴子坐在树枝上看着树下的小提琴手。小提琴手正在拉琴,琴声非常优美。这时他身后来了一只狮子,狮子安静地待在一边听他拉琴,不知不觉睡着了。接着又来了第二只和第三只狮子,也趴在一旁听他拉琴。然后第四只狮子来了,一口把小提琴手给吃了。于是其中一只猴子对另外一只猴子说:"你看,我就知道那只聋狮子来了之后我们就没音乐听了。"

92 拒绝皮革

　　几千年前，我们人类就用皮革来做衣服了。即便是已经5300岁的"冰人"奥茨*也穿着皮衣。皮革是用动物的皮加工后制成的，它的质量比大多数合成材料都要好。如果我们拿来制作衣服的皮革是来自一只已经死亡的动物，那倒也没什么不合适的。

　　但是，
　　有些动物却是因为自己的皮而被人类活活杀死再制作成皮革的（比如用鳄鱼皮制成的手表表带），这种皮革你最好还是别买。

*1991年，德国登山者赫尔穆特·西蒙在阿尔卑斯雪山上意外地发现了5300年前的"冰人"奥茨，奥茨被认为是世界上保存得最完好的木乃伊。

我能为动物做的100件事

一个女占星师给一个男人看手相："噢，你的结局会很悲惨。有人会杀了你，煮了你，再吃了你。"男人回答说："哎哟，我还是先把这副皮手套脱掉吧。"

93 用天然疗法治疗青春痘和脚气

有很多病目前还没有治愈的办法,就算那些用动物做实验的药也治不好。所以,你不妨用一些天然疗法试试看!

青春痘

每天涂一点新鲜压榨的柠檬汁在青春痘上。

脚气

在一盆热水里加入一杯苹果醋和半杯盐,然后把脚泡在里面,直到水变冷为止。一天这样泡两次。

脚汗

你的脚很容易出汗?那你可以用薰衣草茶泡脚试试看。

我能为动物做的
100件事

口臭

定期喝茴香茶。

皮外伤

对付一些小的皮外伤,可以在伤口上抹一些天然蜂蜜,然后贴一块创可贴上去。

一个男人来到宠物商店:"我要30只老鼠。"售货员很惊讶地问:"这么多?您要来干吗?"男人回答:"我要搬家了,房东让我把房子还原成我搬进去之前的样子。"

94 "种"一个新家

观察一棵树下或者一片灌木丛里有多少种动物在那里玩耍,听起来是不是很棒?对很多动物来说,树和灌木丛是它们的家,它们住在那里,在那里找食物。如果你家有个花园,**你可以在花园里种一棵树**,给动物们提供一个新家。时间最好选在秋天。

具体的操作步骤:

1. 在花鸟市场挑一棵漂亮的植物,比如观赏类的灌木。事先问一下你的父母,种下去的植物要让他们也喜欢才行。

2. 在花园里找一个好地方。

3. 挖个坑,坑的大小要比植物的根部大1倍。

4. 把植物放到坑里(最好找个朋友帮忙),然后把刚才挖出来的土再填进去。

我能为动物做的
100件事

5. 定期给这棵植物浇水,到第二年的时候看看这棵树或者灌木长得怎么样,有多少动物在里面安家落户。

为什么东弗里斯兰人家的花园门常年都是开着的?

答案:因为这样动物和植物就有更多的栖息空间了。

95 喂鸟没问题，但是方法要正确！

很多人都喜欢喂鸟，因为每个人都喜欢在自家的花园里看到小鸟。你也可以喂，甚至可以在花园里挂一个鸟舍（尽量不要用鸟巢）。你也可以把饲料撒在窗台上，小鸟一定会吃得很开心。不过，因为小鸟会记住食物的位置，所以尽量不要更换放饲料的地点。

你要注意：

喂鸟这件事情冬天、夏天都可以做，不过夏天的喂法和冬天有点不一样，夏天喂的饲料不能像冬天那样含有大量的油脂。因为动物在冬天很难找到食物，所以冬天喂鸟的价值是最高的。

我能为动物做的100件事

如果你想观察小鸟们进食,千万不要吓到它们,可以用望远镜远远地观察它们。

如果你想喂鸭子或者其他水禽,不要把饲料丢进水里,放在河边就行了。**不要用放了盐和防腐剂的面包喂它们。燕麦片和谷物是最好的选择。**

为什么东弗里斯兰人要把碎面包带进厕所?

答案:因为他们要把面包屑(宗浙面包的种子)冲水喂鸭子。

96 听话的乖狗狗

如果你为你的狗狗着想,那你就应该教它们学一些礼仪。 因为一只守规矩的狗狗基本上不会给任何人添麻烦,相比起那些没教养的狗狗,它被送到遗弃动物管理所的可能性也会小得多。你可以找一个大人陪狗狗一起去参加狗狗培训班,这种培训班会教狗狗学会和人类相处的技巧。狗狗在那里还会碰到很多同类,交到不少好朋友。

以下五个命令是狗狗应该要掌握的:

坐

当狗狗听到这个命令时,它会马上坐下来。这个命令适用于要给它戴狗绳和要过马路的时候。

趴下

听到这个命令的狗狗会躺下,然后保持这个姿势很长时间,直到你发出下一个命令。

我能为动物做的
100件事

停

当狗狗听到这个命令时，它会马上停下来。这个命令也可以用在狗狗在家里等主人回家的时候。

走

这个命令也很重要。不管狗狗在什么地方，一旦它听到这个命令，它就会朝你跑过来，然后靠着你的左腿和你一起往前走。

这里

这个命令是用来把狗狗叫回来的。当你发出这个命令的时候，狗狗就会从比较远的地方跑回"这里"。

年纪较小的狗狗对这些命令可能没法一下子完全掌握，这需要时间和练习！重要的是，你要经常留在狗狗身边和它一起练习。

97 照顾受伤的野生动物

有时候，你在野外会发现翅膀受伤的小鸟或者动弹不得的小刺猬，它们都需要你的帮助！

你会帮助这些小动物吗？如果你想帮它们，那你可以把它们放进一个小盒子里（不过一定要先戴上手套），然后送到兽医那里。医生会给它们做检查，然后你就知道它们出了什么问题。

医生会告诉你该怎么照顾这些小动物。如果救不活，医生会给它们进行安乐死。这可能需要花点钱，你可以和医生商量打个折。

我能为动物做的
100件事

如果兽医同意你把受伤的小动物带回家养呢？ 那你就要翻翻书上关于这种动物的资料了。这种动物在野外是怎么生活的？它吃什么？你要尽可能多掌握一点知识，才能用正确的方法在它受伤期间照顾它。

受伤的动物有的活不下去，但也有恢复健康的。只要它们恢复了健康，也就是它们和你分开的时候了。你最好找一个风景秀丽的地方把它们放生！

98 养乌龟当宠物？

乌龟看上去很可爱，很多小朋友都喜欢把它们当宠物。你也是其中一个吗？ 那么你最好事先考虑清楚，而且要养的话一定要两只乌龟一起养。乌龟不应该是你一个人的宠物，必须要全家人都喜欢它，也就是说，你的父母也要接受它，你才能养它。

我能为动物做的100件事

为什么一定要这样呢？ 因为乌龟能活很久，而且对饲养环境很挑剔。首先，它必须要晒很长时间的太阳，而且最喜欢在池塘里生活——你能为了它在花园里挖个池塘吗？乌龟最喜欢的食物是新鲜的野菜——你是不是已经做好心理准备，在接下来的几十年里天天弄新鲜野菜给它吃呢？如果照顾得好，乌龟可以活很多年——那你长大了之后，谁来照顾它们？乌龟需要冬眠——你能在冬眠期间照顾好它们吗？以上这些问题，在你决定饲养乌龟之前，都要先找到答案才行。

你喜欢亲吻小动物吗？乌龟可不是个好的亲吻对象。世界上 1/4 的乌龟都带有沙门氏菌，这种细菌对人类很危险，会引起各种胃和肠道疾病。

99 谁会喜欢孤独啊

喜欢动物的小朋友都喜欢整天陪着他的那只宠物。但如果宠物只有一只，就成问题了——只有少数几种动物喜欢独居。所以，如果要养的话最好两只一起养。那么，如果其中一只死了呢？那就再养一只，这样另一只才不会感到孤独，它们才会一起开开心心地活到老。

总之基本原则就是：

在野外过惯了群居生活的动物，即便是变成了宠物也应该是一群一群的。只有在少数情况下，你可以把自己当成它们的同类，然后把它们改造成独居的宠物。但如果这么做了，你就要陪伴它一生，而不是只在把它们带回家之后的前几周陪着它们玩耍！

我能为动物做的
100件事

如果你只想养一只宠物,那你就可以考虑养一些独居的动物,比如仓鼠或者花栗鼠,它们都是独居的动物。还有猫咪也是可以单独饲养的动物。

一个男人站在自动扶梯前面看告示,上面写着:"请带好你的宠物!"男人喃喃自语:"我该去哪里找一只宠物回来呢?"

100 为动物们日行一善

日行一善——这是古时候一个先知的座右铭。同样的，**你也可以为动物们日行一善**。读完这本书之后，你或许会想起其中提到的很多内容，这些内容在以后或许会变成对动物有益的很多善举。

对家畜来说，比如吃几天素。

对野生动物来说，比如在冬天准备一些鸟粮。

我能为动物做的100件事

对宠物来说, 比如烤一些美味的姜饼给它们。

如果你喜欢,你可以买一本日历,在日历上的每一天都做上标记,标记上你为动物们做的一件善事。如果有哪一天你没做,那就在第二天再补充一个标记,多做一件好事补偿。这样的一本定期更换的日历能让你牢牢记住自己日行一善的计划。

总之,我给你们的建议就是: 一直这么做,总有一天世界会变成你梦想中的样子!

日行一善对你来说太多了?那么你也可以一周做一件,或者一个月做一件。关键是,如果你不做,可能别人也就不会做了!

图书在版编目(CIP)数据

我能为动物做的100件事 / (德)基弗(Kiefer, P.)著;宋逸伦译. — 杭州:浙江科学技术出版社, 2016.3
ISBN 978-7-5341-7032-4

Ⅰ.①我… Ⅱ.①基… ②宋… Ⅲ.①动物-青少年读物 Ⅳ.①Q95-49

中国版本图书馆CIP数据核字(2016)第030785号

Published in its Original Edition with the title 100 Dinge, die du für Tiere tun kannst by Schwager & Steinlein Verlagsgesellschaft mbH
Copyright © Schwager und Steinlein Verlagsgesellschaft mbH
this edition arranged by Himmer Winco
© for the Chinese edition: ZHEJIANG SCIENCE AND TECHNOLOGY PUBLISHING HOUSE

本书中文简体字版由北京象图美瑞文化传媒有限公司独家授予浙江科学技术出版社。

书　　名	我能为动物做的100件事	
著　　者	[德]菲利普·基弗	
译　　者	宋逸伦	
审核登记号	图字:11-2014-305号	
出版发行	浙江科学技术出版社	
	地址:杭州市体育场路347号　邮政编码:310006	
	办公室电话:0571-85176593	
	销售部电话:0571-85176040	
	网址:www.zkpress.com	
	E-mail:zkpress@zkpress.com	
排　　版	杭州兴邦电子印务有限公司	
印　　刷	浙江新华印刷技术有限公司	
开　　本	880×1230　1/32	印　张　7
字　　数	90 000	
版　　次	2016年3月第1版	印　次　2016年5月第2次印刷
书　　号	ISBN 978-7-5341-7032-4	定　价　28.00元

版权所有　翻印必究

(图书出现倒装、缺页等印装质量问题,本社销售部负责调换)

责任编辑　梁　峥　　　　责任校对　安　婉
责任印务　徐忠雷　　　　特约编辑　田海维